KB023185

공부 욕심이 절로 생기는 기발한 수학 이야기

소름 돋는 수학의 재미_상편

공부 욕심이 절로 생기는 기발한 수학 이야기
소름 돋는 수학의 재미_상편

펴낸날 2022년 1월 10일 1판 1쇄

지은이 천융밍
옮긴이 김지혜
그림 리우스위엔
펴낸이 김영선
책임교정 이교숙
교정·교열 정아영, 이라야
경영지원 최은정
디자인 박유진·현애정
마케팅 신용천

펴낸곳 (주)다빈치하우스-미디어숲
주소 경기도 고양시 일산서구 고양대로632번길 60, 207호
전화 (02) 323-7234
팩스 (02) 323-0253
홈페이지 www.mfbook.co.kr
이메일 dhhard@naver.com (원고투고)
출판등록번호 제 2-2767호

값 16,800원
ISBN 979-11-5874-134-1 (44410)

공부 욕심이 절로 생기는
기발한 수학 이야기

소름 돋는 수학의 재미

천융밍 지음
김지혜 옮김

상편

미디어숲

• • •

대수代數는 수학에서 중요한 한 분야로서 이 책에서는 수, 식, 방정식, 함수, 수열과 극한에 이르는 고전 대수뿐만 아니라 확률, 집합, 논리, 조합, 알고리즘, 암호학, 카오스 이론 등 근현대 수학적 요소들을 탐구한다. 동서고금을 넘나드는 수학 이야기와 유명 에피소드를 소개하고, 역추론, 증명, 패리티 검사parity checking 등 수학적 사고법을 포함하는 수학사와 일상의 흥미로운 이야기를 발굴하여 수학의 묘미를 보여준다.

이 책은 중·고등학생들에게 적합하며 수학을 사랑하는 일반 대중 독자에게도 수학하는 즐거움을 줄 것이다.

프롤로그

요즘은 스타를 동경하는 청소년들을 많이 볼 수 있다. 처음엔 그런 청소년들을 잘 이해하지 못해 한 학생에게 “이 스타가 너를 사로잡은 게 도대체 뭐니?”라고 물었다. 그 학생은 큰 눈을 부릅뜨고 나를 한참이나 쳐다보다가 “선생님도 젊었을 때 우상이 있지 않았나요?”라고 되물었다. 나는 당시 내가 좋아하고 존경하는 사람은 과학자라고 말했다. 짧은 대화였지만 나와 젊은이들과의 세대 차이가 잘 드러난다.

내가 학문을 탐구하던 시절, 과학으로의 진출은 전국적으로 확산되었고, 우리가 존경하던 인물들은 조충지, 멘델레예프, 퀴리 부인 등 훌륭한 과학자들이었다. 도서는 《재미있는 대수학》, 《재미있는 기하학》과 같은 일반 과학도서를 즐겨 읽었다. 동시에 전국 각지에서 과학 전시가 열렸고, 우리도 과학 스토리텔링을 만들어냈다. 이런 활동은 우리 세대 청소년들의 마음속에 과학의 씨앗을 심어주기에 충분했다.

그런데 유감스럽게도 당시에는 여러 가지 이유로 국내 작가의 작품은 드물었다. 사실 1949년 이전까지 몇몇 작가에 의해 적지 않은 수학대중서가 출간되었다. 1950~60년대에는 중·고등학생들의 수학경쟁을 활성화하기 위해 유명 수학자들이 학생들을 위한 강좌를 열었다. 이 강의들은 나중에 책으로 출간되어 한 세대에 깊은 영향을 주었다.

이들 작품 중 가장 추앙받는 작품이 바로 화라경의 작품이다. 《양휘 삼각법으로부터 이야기를 시작하다》, 《손자의 신비한 계산법으로부터 이야기를 시작하다》 등의 저서는 학생들에게 큰 사랑을 받았다. 그의 저서는 가볍게 시작한다. 먼저 간단한 문제 제기와 방법을 소개한 후 감칠맛 나게 수학이야기를 하며 하나하나 설명해 나간다. 마지막에 이르러 수학내용이 분명해지는데 생동감 있는 전개가 눈에 띈다.

어떤 문제를 이해하는 것과 고등수학의 심오한 문제를 설명하는 것은 어떤 부분에서 일맥상통한다. 그의 책은 수학과학대중서의 모범이 되었는데 수학사 이야기를 강의에 녹여 시 한 수를 짓기도 했다.

그 시기에 나는 막 일을 시작했는데 그의 책을 손에서 떼기가 힘들었다. 결국 나도 책 쓰는 것을 배워야겠다는 생각이 들었다. 그래서 몇 년을 일반 과학 서적을 읽으며 글을 쓰기 시작하여 《등분원주

만담》, 《1+1=10 : 만담이진수》, 《순환소수탐비》, 《만담근사분수》, 《기하는 네 곁에》, 《수학두뇌탐비》 등의 작품을 완성하였다.

수학대중서는 시대의 흐름을 적절히 잘 결합해야 한다. 물론 새로운 수학의 성과와 생명과학, 물리학 등을 비롯한 첨단 지식을 전수하기는 매우 힘들다. 내가 몇 년 전에 쓴 작품들이 있지만 시간이 지나면서 과학이 비약적으로 발전하고 있어서 새로운 소재들이 많이 나왔다. 이번에 출간된 《소름 돋는 수학의 재미(상편, 하편)》은 이전 작품을 재구성한 것이다. 일부 문제점을 수정하고 수학 이야기를 재현해 독자들이 흥미롭게 읽을 수 있도록 새로운 내용을 보충하였다. 이해방식, 새로운 수학 연구 성과를 최대한 담기 위해 노력하였으니 여러분에게 도움이 되었으면 좋겠다.

마지막으로 수학을 좋아하고 수학을 사랑하기를 바란다.

천융밍

차 례

2장 무리수

3장 식과 방정식

4장 수열과 극한

블랙홀! 이건 블랙홀이다! 본래의 세 자릿수, 네 자릿수를 막론하고
모두 495나 6174라는 블랙홀에 빠지게 된다.
블랙홀은 원래 천문학 용어로 빛조차 빠져나가지 못하는 매우 강한 힘장을 말한다.
수학에도 이런 숫자에서 벗어나지 못하는 블랙홀이 있다니!

1장

유리수

수학 이야기

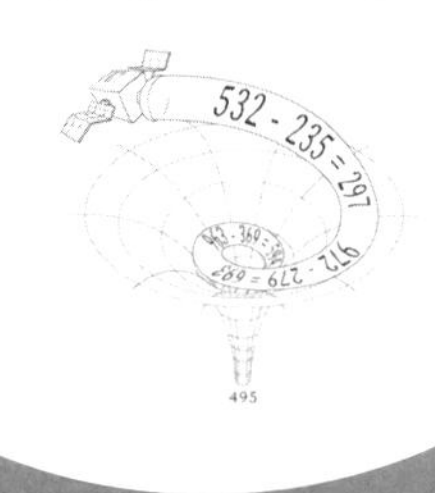

194481로 모두 문제의 뜻에 맞지 않음을 알 수 있다.

그렇다면 마지막 남은 수는 18이다. 과연 정답일까? 18의 세제곱 수는 5832, 네제곱 수는 104976으로 10개의 숫자를 다 썼다.

이 소년 박사는 바로 20세기 미국 수학자이자 사이버네틱스Cybernetics의 창시자인 노버트 위너Norbert wiener이다. 그는 어릴 때부터 지능이 뛰어나 3세 때 읽고 썼으며 14세에 대학을 졸업하고 18세에 박사학위를 받았다.

수학자의 42번 티셔츠

마이클 조던은 농구계의 걸출한 스타다. 그는 미국프로농구NBA 득점왕으로 농구팬들로부터 '날아다니는 사람'이라는 별명을 얻었다. 농구팬들은 그의 모든 것을 좋아해, 그가 등번호 23번을 달자 팬들도 23번 티셔츠를 입고 그를 자랑거리로 삼았다.

수학계에도 '42'번 티셔츠가 있다. 수학계에 조던 2세라도 나온 것일까? 당연히 아니다.

2019년 어느 날, 누군가 인터넷 사이트에 다음 등식을 올렸다.

$$42=(-80538738812075974)^3+80435758145817515^3+12602123297335631^3$$

필즈상 수상자인 티모시 가워스Timothy Gowers는 이를 보고 매우 흥분되어 리트윗하였다. 이는 30~40년 동안 미해결 문제로 큰 뉴스거리였기 때문이었다. 이 등식을 찾은 수학인물은 영국 브리스틀대 앤드루 부커와 미국 매사추세츠공대MIT 앤드루 서더랜드였다. 부커 역시 이 문제를 해결하고 흥분해 '42'라고 적힌 티셔츠를 만들어 입고 인터뷰에 임할 정도였다.

그렇다면 이 등식의 숨은 내력을 한번 살펴보자. 1957년 영국의 수학자 모델은 문제를 하나 제기하였다.

"어떤 자연수를 세 개의 세제곱 수의 합으로 나타낼 수 있을까?"

이 세 개의 수는 임의의 정수 즉, 양수, 음수, 0이 될 수 있는데 이 문제가 바로 '세제곱 합 문제'이다. 1992년, 영국 옥스퍼드 대학의 로저시스 브라운은 모든 자연수는 세 개의 세제곱 수의 합으로 무궁무진하게 다른 방식으로 만들 수 있다는 추측을 제시하였다. 수학자들은 기본적으로 그의 관점을 인정했지만, 어떤 자연수를 세 개의 세제곱 수의 합으로 쓰는 방법을 어떻게 찾을 수 있을지 의문이 생겼다.

2000년, 미국 하버드 대학의 노엄 엘지스는 실용적인 알고리즘을 제시해 비교적 작은 자연수의 세제곱과 많은 계산식을 찾아내는 데 성공했다. 2015년, 수학자 팀 브라우닝은 이 문제에 관한 동영상을 배포했다. 동영상이 가진 특유의 전파력으로 많은 이들의 관심을 얻게 되었고 연구도 빠르게 진행되어 100보다 작은 자연수는 거의 해결되었다. 이제 남은 수는 33, 42, 74 단 세 개뿐이었다. 그러자 수학자들이 이 세 수에 달라붙어 끊임없이 연구했다. 몇 달 뒤 샌델 휴즈먼은 세제곱의 합이 74가 되는 정수해를 찾아냈다.

$$74=(-284650292555885)^3$$
$$+66229832190556^3$$
$$+283450105697727^3$$

브라우닝은 휴즈먼이 해결한 부분을 녹음했는데 74의 정수해 영상을 다른 수학자인 영국 브리스틀대 앤드루 부커가 보게 되었다. 이를 통해 부커는 더욱 효과적으로 특정 정수의 해답을 찾을 수 있는 새로운 알고리즘을 제시하였다.

2019년 2월 27일, 부커는 세제곱의 합이 33이 되는 정수해를 발표했다. 마지막으로 42도 해결되었다. 100 이내의 어떤 자연수가 세 개의 세제곱수의 합이 되는 정수해를 모두 찾아낸 것이다.

지금까지 1000 이내에서 아직 풀리지 않은 자연수는 114, 165, 390, 579, 627, 633, 732, 906, 921, 975가 있다.

여러분이 여기에 한번 도전해 보는 것은 어떨까?

허물 벗는 숫자

황무지에서 볼 수 있는 뱀의 흰 가죽은 뱀의 가죽이라기보다는 뱀의 껍데기라 할 수 있다. 진짜 뱀피는 끈기가 있어서 얼후(중국의 현악기)의 삼현에 있는 공명기로 만들 수 있다. 뱀은 여러 번 허물을 벗는다고 한다. 매미처럼 껍질을 벗어야 날 수 있는 곤충도 있다. 수학에서도 뱀이 허물을 벗는 것과 같은 현상이 있다.

두 그룹(위, 아래)의 수 조합이 다음과 같이 주어졌다.

123789, 561945, 642864

242868, 323787, 761943

이 두 그룹의 수는 무슨 의미를 가질까? 그것들의 합은 서로 같다.

$$123789+561945+642864=1328598$$

$$242868+323787+761943=1328598$$

또한 제곱의 합도 같다.

$$123789^2+561945^2+642864^2=242868^2+323787^2+761943^2$$

좀 놀랍고 신기하지 않은가! 하지만 더 놀라운 게 있다. 이 여섯 개 수의 첫 번째 수를 모두 지우면 다음과 같은 수가 된다.

$$23789, 61945, 42864$$

$$42868, 23787, 61943$$

여섯 자리 수가 모두 다섯 자리 수로 변해서 마치 허물을 벗은 뱀 같다. 이때 다시 각각의 합을 구한다.

$$23789+61945+42864=128598$$

$$42868+23787+61943=128598$$

신기하게도 두 그룹의 새로운 수의 합도 같다. 그것들의 제곱합을 계산해 보니 뜻밖에도 같다.

$$23789^2+61945^2+42864^2=42868^2+23787^2+61943^2$$

재미있다! 다시 이 여섯 개 수의 첫 번째 수를 모두 지우면 다섯 자리 수가 네 자릿수가 된다.

$$3789, 1945, 2864$$

$$2868, 3787, 1943$$

이것의 각각의 합과 제곱의 합은 놀랍게도 여전히 같다.

$$3789+1945+2864=2868+3787+1943$$

$$3789^2+1945^2+2864^2=2868^2+3787^2+1943^2$$

같은 방법으로 세 자릿수로 만들어도 그 성질이 그대로 남아 있고, 계속해서 두 자릿수, 한 자릿수가 되어도 그 성질이 유지된다. 한 자릿수 상황만 함께 살펴보자.

$$9+5+4=8+7+3=18$$

$$9^2+5^2+4^2=8^2+7^2+3^2=122$$

대단하다! 끊임없이 허물을 벗어도 성질이 그대로 성립한다. 서두르지 말고 놀라지도 말고 한 번 더 보자. 마지막 자리 숫자를 모두 지워보자. 그러면 원래 여섯 자리 수는 모두 새로운 다섯 자리 수가 된다.

12378, 56194, 64286

24286, 32378, 76194

$$12378+56194+64286=24286+32378+76194=132858$$

$$12378^2+56194^2+64286^2=24286^2+32378^2+76194^2$$

한 자릿수가 될 때까지 앞의 과정을 반복해서 다시 계산해보자.

$$1+5+6=2+3+7=12$$

$$1^2+5^2+6^2=2^2+3^2+7^2=62$$

이 두 가지 성질은 여전히 보존된다. 이 문제는 정수론에서 다룬다.

콜라츠 추측

어떤 게임들은 수많은 사람을 끌어들여 중독되게 하고 매력에 심취하도록 만드는데 예를 들어 큐브가 그런 게임이다. 1970년대 큐브에 비견될 정도로 열광적인 수학게임이 있었다. 이 수학게임은 '콜라츠 추측'으로 '우박수 문제'라고도 한다. 그해 미국 유명 대학의 학생들은 이 게임을 무척 즐겼는데 연구원이나 대학교수들까지 가세했다고 한다.

콜라츠 추측은 임의로 주어진 자연수 n이 홀수라면 3을 곱하고 1을 더해 $3n+1$, 짝수라면 2로 나누어 $\frac{n}{2}$이 되게 한 후, 임의의 자연수에 대해 위 과정을 반복해서 시행하면 그 결과가 어떻게 될지 추측하는 것이다. 서로 다른 수라도 그 결과는 모두 1로 같다. 믿기지 않다면 다음의 예를 함께 보자.

$n=70$이라면

$$70 \div 2 = 35$$

$$35 \times 3 + 1 = 106$$

$$106 \div 2 = 53$$

$$53 \times 3 + 1 = 160$$

$$160 \div 2 = 80$$

$$80 \div 2 = 40$$

$$40 \div 2 = 20$$

$$20 \div 2 = 10$$

$$10 \div 2 = 5$$

$$5 \times 3 + 1 = 16$$

$$16 \div 2 = 8$$

$$8 \div 2 = 4$$

$$4 \div 2 = 2$$

$$2 \div 2 = 1$$

계산 과정의 수는 커지기도 하고 작아지기도 한다. 14번의 계산 결과 1을 얻었다.

좀 더 특별한 예를 하나 더 보자.

$n=4096$으로 두자. 이 수는 2의 거듭제곱수이므로

$$4096 \div 2 = 2048$$

$$2048 \div 2 = 1024$$

$$1024 \div 2 = 512$$

$$512 \div 2 = 256$$

$$256 \div 2 = 128$$

$$128 \div 2 = 64$$

$$64 \div 2 = 32$$

$$32 \div 2 = 16$$

$$16 \div 2 = 8$$

$$8 \div 2 = 4$$

$$4 \div 2 = 2$$

$$2 \div 2 = 1$$

계속 2로 나누는 과정을 반복하여 결국 1을 얻는다.

만약 여러분이 흥미가 있다면 $n=27$을 시도해 봐도 좋다. 평범해 보이지만 그 과정은 절대 평범하지 않다. 마찬가지로 수가 커졌다 작아졌다를 반복하는데 결과를 미리 알려주자면 77번의 과정을 통해 숫자는 9232에 이르고, 이후 34번의 과정을 겪으며 결국은 1이 된다. 즉, 전체 과정은 111번의 계산이 필요한 것으로 이 결과는 존 콘웨이 영국 케임브리지대 교수가 얻은 것이다. 100 이내의 수 중에서 27의 변화가 가장 심하다고 한다.

'콜라츠 추측'의 특징은 초등학생도 시도할 수 있을 정도로 계산 과정은 단순하지만 그 증명은 매우 어렵다. 게리 레빈스와 웰머랑이 1992년 5.6×10^{13}까지의 자연수를 모두 검증했지만 반례가 없었다. 그러나 이 추측에 대한 완전한 증명은 아직 나오지 않았다.

숫자 블랙홀

여기에 또 이상한 숫자 게임이 있다. 아무 숫자나 세 자릿수를 말할 때 각 자릿수의 값이 모두 같으면 안 된다. 즉, 222, 444와 같은 수는 제외한다. 여기서 이 세 자릿수가 352라고 가정하자.

1단계 : 이 세 자릿수에서 각각의 숫자를 큰 것에서 작은 순서로 나타내면 532이다.

2단계 : 이 세 자릿수에서 각각의 숫자를 작은 것에서 큰 순서로 나타내면 235이다.

3단계 : 이 두 수를 서로 빼면 532-235=297이다.

얻은 수에 대하여 위의 단계를 반복한다.

972-279=693

963-369=594

954-459=495

495로 다시 위의 단계를 반복해보자.

954-459=495

답은 역시 495이다.

이것은 네 자릿수 숫자로 진행해도 비슷한 상황이 나온다. 예를 들면 1234와 1122 등이다. 이제 이 네 자릿수가 8080이라고 가정하자.

1단계 : 이 네 자릿수에서 각각의 숫자를 큰 것에서 작은 순서로 나타내면 8800이다.

2단계 : 이 네 자릿수에서 각각의 숫자를 작은 것에서 큰 순서로 나타내면 0088이다.

3단계 : 이 두 수를 서로 빼면 8800-0088=8712이다.

얻은 수에서 위의 단계를 반복하면

8721-1278=7443

7443-3447=3996

9963-3699=6264

6642-2466=4176

7641-1467=6174

이어서 이상한 일이 생긴다.

7641-1467=6174

다시 배열한 후에 두 수를 빼면 6174가 반복적으로 나온다. 이 게임이 계속되면 영원히 6174를 얻는다.

블랙홀! 이건 블랙홀이다! **본래의 세 자릿수, 네 자릿수를 막**

론하고 모두 495나 6174라는 블랙홀에 빠지게 된다. 블랙홀은 원래 천문학 용어로 빛조차 빠져나가지 못하는 매우 강한 힘장을 말한다. 수학에도 이런 숫자에서 벗어나지 못하는 블랙홀이 있다니!

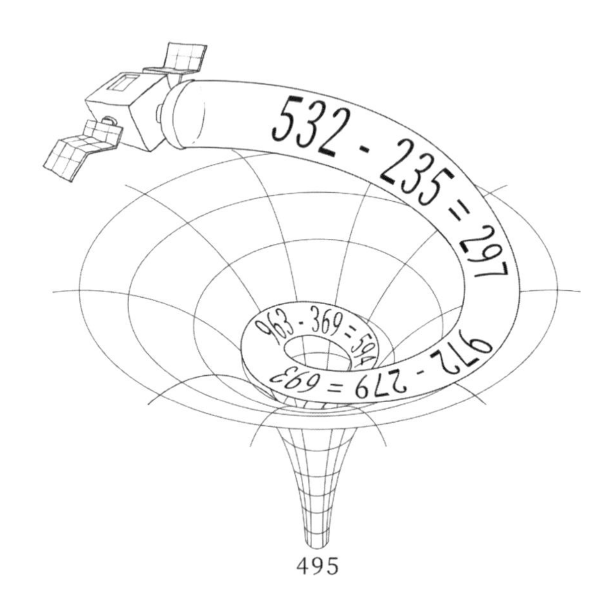

이 수학게임의 이름은 '카프리카Kaprekar 블랙홀'이다. 왜 마지막 숫자가 이 블랙홀에 빠졌을까? 숫자 블랙홀의 증명도 어렵기 때문에 쉽게 시도하지 말 것을 권한다. 수학에는 '123 블랙홀' 등 비슷한 블랙홀도 많다.

항공권이 가짜라니?

철수는 항공권 한 장을 구입했다. 그런데 비행기 탑승 직전에 항공권이 가짜라는 사실을 알게 되었다. 그는 비행기를 탈 기회를 어렵게 잡았는데 이마저도 가짜 표를 샀으니 경제적 손실은 둘째 치고 심적으로 상심이 컸다. 한순간에 기분이 바닥으로 뚝 떨어졌다.

그는 항공권이 가짜라는 것이 믿기지 않아 표를 뚫어져라 반복해서 분석했다. 종이 재질, 색상, 글씨체, 주민번호, 항공권 번호…. 도무지 가짜라고 하기엔 진짜와 너무 똑같다. 도대체 무엇이 문제인지 알 도리가 없었다. 그는 전전긍긍하며 항공사 사무실을 찾았다. 직원은 침착하게 설명해 주었다. 내용인즉, 항공권 번호가 가짜라는 것이다. 그것도 번호 맨 뒷자리에 가짜라는 증거가 있다고 한다. 철수가 다시 보니 항공권 번호가 87654321이다. 도대체 이 번호에 어떤 문제가 숨어 있는 걸까?

일상생활에서 번호를 사용하는 경우는 매우 많다. 따라서 임의 조작, 업무상 착오, 기기 오류 등을 막기 위해 번호 자체에 대한 체크시스템이 설치된다. 이 항공사는 항공권 번호의 마지막 자리 숫자를 체크번호로 사용한다. 예를 들어, 체크번호가 7이

둘째, n개의 유한 개의 모든 소수를 p_1, p_2, p_3, …, p_n이라고 가정했기 때문에 N은 합성수이다.

여기서 다시 생각해 보면 N이 합성수이므로 소인수의 곱으로 나타낼 수 있다. n개의 소수라는 가정에 의해 N은 p_1, p_2, p_3, …, p_n 중의 어떤 소수의 곱으로 나타나야 하고 그렇다면 그 N은 어떤 소수의 배수가 된다.

이제 N을 p_1의 배수라고 가정하자. 그런데 N(이때 $N=p_1p_2p_3 \cdots p_n+1$)은 p_1로 나누었을 때 나머지 1을 얻으므로 N은 p_1에 의해 나누어떨어지지 않는다. 같은 이유로, N은 p_1, p_2, p_3, …, p_n 중의 어떤 수로도 나누어떨어지지 않는다. 이것은 N이 p_1, p_2, p_3, …, p_n 이외에 어떤 소수로 나누어떨어진다는 것을 의미하고 'n개의 소수만 존재한다'는 가정의 모순이다. 따라서 우리는 소수가 무한히 많다는 결론을 얻는다.

소수에 관해서는 완전수, 쌍둥이 소수 등과 관련된 아직 많은 과제가 있지만 여기서는 쌍둥이 소수에 대해 알아보도록 하겠다.

쌍둥이 소수 가설

수학에서 차이가 2인 한 쌍의 소수를 '쌍둥이 소수'라고 한다. 예를 들어, 3과 5, 5와 7, 11과 13은 모두 쌍둥이 소수이다. 수학자들은 일찍이 100 이내에 8쌍, 501과 600 사이에 2쌍의 쌍둥이 소수가 있다는 것을 확인하였다. 수가 커질수록 쌍둥이 소수를 발견하는 것이 쉽지 않다. 그렇다면 쌍둥이 소수가 어느 위치까지 발견된 것일까? 이후에 새로운 쌍둥이 소수를 찾을 수 없을까?

이것은 오래된 문제로 대수학자 힐베르트가 1900년 국제수학자대회에서 제시한 23개의 유명한 수학문제 중에서도 8번째에 기록되었다.

1921년 영국 수학자 하디와 리틀우드는 쌍둥이 소수가 무한히 많다는 가설을 제기하였고 접근분포 형식도 제시하였는데 이는 '쌍둥이 소수 가설'이라고 불린다. 과연 이 예상은 맞을까? 수학자들은 머리를 짜냈지만 아직 답을 찾지 못했다. 언젠가 이 가설을 해결하는 수학자가 나타나기를 기대한다.

화라경의 생일 문제

중국에 화라경이라는 수학자가 있다. 여러분은 그의 생일을 알 수 있을까? 뜬금없지만 흥미롭게도 그의 생일은 수학 경시대회 문제로 출제되었다.

출제된 문제는 좀 복잡한데, 핵심은 여덟 자리 수를 소인수분해하는 것이다. 이 여덟 자리 수는 바로 19101112로 화라경 선생의 생일이다. 화라경은 1910년 11월 12일에 태어났기 때문이다.

우리는 먼저 이 수를 소인수분해하여 3개의 소인수 2를 가짐을 확인할 수 있다. 19101112를 2^3으로 나누면 2387639가 된다. 다음에는 이 수가 3의 배수인지 아닌지를 검사한다. 이 숫자에서 각 자리 숫자의 합 $2+3+8+7+6+3+9=38$은 3의 배수가 아니므로, 원래 수 2387639는 3의 배수가 아니며 3을 인수로 가지지 않는다는 것을 알 수 있다.

다음으로 5배수인지 확인해 보자. 2, 3, 5의 배수규칙은 비교적 간단한데 주어진 수의 일의 자리 수가 0또는 5가 아니므로 5의 배수가 아니다. 즉, 5를 인수로 가지지 않는다.

이어서 인수 7, 11, 13이 있는지 알아보자. 7의 배수의 특징은 마지막 한 자리 숫자를 잘라내고 남은 수에서 잘라낸 수의 두 배를 뺀다. 만약 차가 7의 배수면 원래 수는 7의 배수이다. 만약 잘라낸 후의 수가 여전히 크다면 다시 마지막 자리의 수를 같은 방법으로 잘라내고 뺄 수 있다.

즉, 2387639는 마지막 자리 수 9를 잘라내면 238763이 되고 잘라낸 수를 두 배하여 빼면 $238763-2\times9=238745$이다. 이 수가 여전히 꽤 큰 수라고 여겨지면 이 과정을 계속 해 볼 수 있다. 그러면 결과적으로 원래 수는 7을 인수로 갖지 않는다는 것을 알 수 있다.

어떤 이는 이 방법의 근거를 묻기도 한다. 원래의 수를 세 자릿수로 가정하여 $100a+10b+c$라고 하자. 그러면 마지막 자리 수를 잘라내면 $10a+b$이고 마지막 자리 수의 두 배는 $2c$이므로 차는 $10a+b-2c$이다. 만약 이 수가 7의 배수라면

$$10a+b-2c=7n$$

이때

$$10\times(10a+b-2c)=70n$$

전개하면

$$100a+10b-20c=100a+10b+c-21c=70n$$

따라서 원래 수는

$$100a+10b+c=70n+21c$$

으로 7의 배수임이 틀림없다.

다시 이어서 11과 13을 인수로 가지는지도 확인해야 한다. 11의 배수는 홀수자리 숫자의 합과 짝수자리 숫자의 합의 차이가 11의 배수만큼 차이가 난다. 7의 배수와 같은 방법을 쓸 수 있지만, 잘라낸 값에 2배를 하는 것이 아니라 1배를 해야 한다. 13의 배수도 마지막 자리 수를 잘라내는 방법으로 확인가능하지만 잘라낸 값을 2배가 아닌 4배를 하여 더한다.

이와 같은 방법으로 원래 수가 11이나 13의 배수가 아니라는 것을 알아냈다면 또 다른 방법을 고안해낼 수 있을까? 어른들은 생각지도 못한 것을 일찍이 명석한 몇몇 아이들이 해냈다.

$$19101112 = 8 \times 1163 \times 2053$$

1163과 2053를 어떻게 알아냈을까? 이런 수를 찾아내는 데 비법이라도 있는 걸까?

2장

무리수

수학 이야기

무리수와 히파수스

히파수스가 일을 내다

서기 6세기 그리스의 사모스섬에 신비로운 학파로 여겨지는 피타고라스 학파가 있었다. 피타고라스 정리를 발견한 피타고라스를 필두로 한 수학 연구 비밀 모임이다. 비례론은 이 학파가 유일하게 추종하는 수학 이론으로, 비례론과 대립되는 다른 관점은 모두 '이단'이라고 여겼다.

피타고라스는 숫자를 신성 숭배하듯 했다. 그는 각 숫자에 의미를 부여했는데 1은 세상의 시작, 5는 '결혼수', 6은 '완전수'(6의 약수 1, 2, 3의 합은 6이다), 10은 '부족수', 220과 284는 '우애수'(220의 자신을 제외한 모든 약수의 합은 284, 반대도 마찬가지다)이다. 피타고라스학파 마크에는 220과 284가 새겨져 있다.

피타고라스 학파는 '임의의 두 선분은 정수비로 나타낼 수 있다'고 주장하였다. 실제로 이들은 정수나 분수로 나누는 것 이외에는 다른 수는 없다고 생각하였다.

어느 날, 피타고라스의 학생인 히파수스가 연구 중에 '길이가 1, 2인 두 선분의 비례중항' 등과 같은 문제를 발견하여 이런 선분의 길이는 정수나 분수로 나타낼 수 없다는 것을 발견하였다.

또한 이것은 확실한 결론으로 작도로 표현할 수도 있었는데 바로 한 변의 길이가 1인 정사각형의 대각선이다.

이에 **히파수스는 이런 수(한 변의 길이가 1인 정사각형의 대각선의 길이)는 '정수도 분수도 아닌 새로운 수'라는 제안을 하게 된다.** 하지만 이는 기존의 피타고라스 학파가 숭배하는 비례론에 심각한 타격을 입히는 내용이었다. 이는 엄청난 반란과 같은 사건이었다. 당시 피타고라스 학파 내부에는 여러 분파가 생겨났는데 피타고라스를 지지하는 다수가 히파수스의 관점을 이단으로 간주하여 세상에 퍼뜨리지 못하도록 하자는 의견이 제기되었다. 그러나 외부에서는 이미 히파수스의 새로운 발견이 알려졌는데 이는 히파수스 본인이 알린 것으로 조사를 통하여 밝혀졌다. 그러자 피타고라스는 히파수스를 체포하라고 명령했고, 이로 인해 히파수스는 다른 나라로 도망가야 했다. 몇 년 후, 조국을 그리워하던 히파수스는 몰래 귀국했다가 피타고라스 제자들에게 들켜 항해 중 바다에 던져졌다.

과학의 발전에는 사람의 지혜뿐만 아니라 용기도 필요하다. **후대 사람들은 히파수스가 발견한 이런 수를 '무리수'라고 불렀다.** 오랜 기간 수학계는 무리수에 대한 논란으로 혼란스러웠다. 흔히 수학 발전사에 위기가 세 번 있었다고 말하는데 무리수의 발견이 첫 번째 위기로 여겨진다.

증명해 보자

한 변이 1인 정사각형의 대각선 길이가 왜 무리수인지 함께 살펴보자.

두 선분을 a, b라 하고 세 번째 선분 c가 존재한다고 할 때, c로 a를 자르면 정확히 잘린다고 하자($a=k_1c$, k_1은 정수). 같은 방법으로 c로 b를 자르면 정확히 잘린다($b=k_2c$, k_2는 정수). 즉, 선분 c는 선분 a, b의 공통 단위가 된다.

두 선분이 공통 단위를 가지는지 어떻게 알 수 있을까? 때로는 생각처럼 간단하지 않을 수도 있다. 함께 다음의 예를 보자.

1단계 : $a>b$이라고 하자. 우선 짧은 선분 b로 a를 자르는데 k_1번 잘랐다고 가정하고 남은 부분을 a_1($a_1<b$)라고 하면 $a=k_1b+a_1$이다.

2단계 : a_1으로 b를 자른다. k_2번 잘랐다고 가정하고 남은 부분을 b_1($b_1<a_1$)이라고 하면 $b=k_2a_1+b_1$이다.

3단계 : b_1으로 a_1을 자른다. k_3번 잘랐다고 가정하고 남은 부분을 a_2($a_2<b_1$)이라고 하면 $a_1=k_3b_1+a_2$이다.

4단계 : a_2으로 b_1을 자른다. k_4번 잘랐다고 가정하고 남은 부분을 b_2($b_2<a_2$)라고 하면 $b_1=k_4a_2+b_2$이다.

……

이 과정을 계속 하다 보면 결국은 선분 a, b의 공통 단위를 확인할 수 있다. 간단히 말하면 4단계에서 끝났다고 할 때 $b_1=k_4a_2$이다. 여기에 $a_1=k_3b_1+a_2$를 대입하면 $a_1=(k_3k_4+1)a_2$를 얻고 2단계, 1단계의 값을 차례로 대입하면 선분 a, b가 모두 a_2의 정수배로 나타남을 알 수 있고 a_2가 곧 공통 단위가 된다. 만약 이렇게 계속해서 잘라나가는 과정이 영원히 끝나지 않는다면 이 두 선분의 공통 단위는 없다.

이것으로 정사각형의 한 변의 길이와 대각선의 길이는 공통 단위가 없다는 것을 알 수 있다. 정사각형 $ABCD$에서 변 BC와 대각선 AC 이 두 선분을 보자. 분명한 것은 대각선 AC가 변 BC보다 비교적 길다는 것이다.

1단계 : 짧은 선분(변 BC)으로 비교적 긴 선분(대각선 AC)을 자르면 선분 $CF=CB$를 얻는다. 남은 부분은 선분 FA가 된다. $EF\perp AC$가 되도록 변 AB 위에 점 E를 표시한다. 그러면 선분 $AF=EF=BE$이다.

2단계 : 대각선 위의 남은 선분 FA로 변 BC를 자른다. 변 $BC=AB$이므로 변 AB를 선택할 수도 있다. 선분 $AF=BE$이므로 선분 FA 대신 BE라고 본다면, 선분 EA가 남는 부분이다. $EA>AF$이므로 EA를 다시 자른다. 따라서 우리는 삼각형 AFE가 직각이등변삼각형(선분 AF를 한 변으로 하는 정사각형을 생각하면 선분 AE는 대각선이 된다)이라는 사실을 확인할 수 있다. 따라서 다시 처음으로 돌아가 정사각형의 한 변으로 대각선을 자른다. 그 과정은 끝이 없고, 그래서 이들의 반복은 끝이 없다는 것을 [그림 2-1]을 통해 어렵지 않게 알 수 있다.

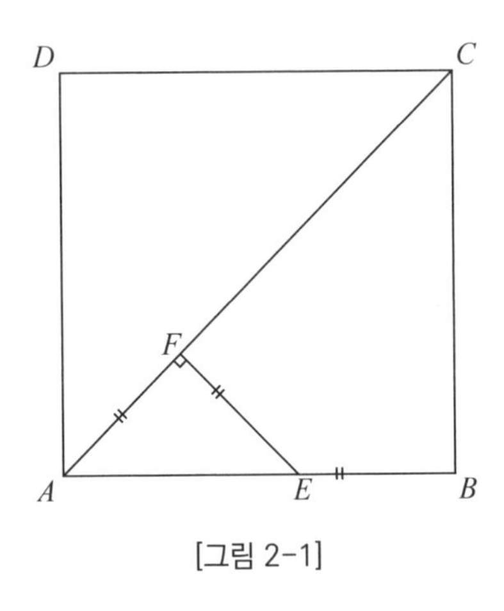

[그림 2-1]

정사각형의 한 변의 길이와 대각선의 길이는 서로 공통 단위가 없다. 이는 즉, 선분 c로 한 변의 길이와 대각선을 자른다고 했을 때 c로 두 선분이 정확히 잘려지지 않는다는 것으로 대각선의 길이는 한 변의 길이의 정수배 또는 분수배가 될 수 없다는 것이다.

'어쩌면 한 변의 길이로 대각선을 계속 잘라나갈 때 변의 길이를 $\frac{1}{10}$, $\frac{1}{100}$ …와 같이 한없이 줄여나가면 가능하지 않을까'

라고 생각할 수도 있다. 그러나 가능하지 않다. 왜냐면 변의 길이와 대각선은 공통 단위를 가지지 않기 때문이다. 그렇다면 대각선은 한 변의 길이의 몇 배가 될까? 사실 이 수는 무리수로서 그 유명한 $\sqrt{2}$이다.

옛날에는 $\sqrt{2}$를 어떻게 계산했을까?

예전 내가 공부하던 시대에 $\sqrt{2}$의 계산은 매우 번거로웠다. 하나는 직접 계산하는 것으로 일종의 세로 계산법이고 또 다른 하나는 표를 이용하였다. 이제는 과학기술이 발전해 계산기에 값을 입력하고 출력버튼을 누르면 값을 바로 얻을 수 있지만 말이다. 그렇다면 계산기가 없던 시절 $\sqrt{2}$의 값을 어떻게 계산할 수 있었는지 살펴보자.

고대 인도의 근사법

먼저 소개할 것은 기원전 800년 고대 인도인이 사용한 방법이다. 우선 근사공식을 하나 알려주겠다.

$$\sqrt{a^2+r} \fallingdotseq a+\frac{r}{2a}$$

이 공식의 정확성은 확인하기 쉽다. 공식을 양변 제곱하면 좌변은 a^2+r, 우변은 $a^2+r+\frac{r^2}{4a^2}$이다. $\frac{r^2}{4a^2}$을 매우 작은 값으로 보면 양변은 근사적으로 같다고 할 수 있다.

$\sqrt{2}$를 $\sqrt{1^2+1}$로 쓰면 근사공식에 의해

$$\sqrt{2}=\sqrt{1^2+1}\doteqdot 1+\frac{1}{2\times 1}=\frac{3}{2}$$

$\sqrt{2}$를 $\sqrt{\left(\frac{3}{2}\right)^2+\left(-\frac{1}{4}\right)}$로 쓰면 근사공식에 의해

$$\sqrt{2}=\sqrt{\left(\frac{3}{2}\right)^2+\left(-\frac{1}{4}\right)}\doteqdot\frac{3}{2}+\frac{-\frac{1}{4}}{2\times\frac{3}{2}}=\frac{3}{2}-\frac{1}{12}=\frac{17}{12}$$

$\sqrt{2}$를 $\sqrt{\left(\frac{17}{12}\right)^2+\left(-\frac{1}{144}\right)}$로 쓰면 근사공식에 의해

$$\sqrt{2}=\sqrt{\left(\frac{17}{12}\right)^2+\left(-\frac{1}{144}\right)}\doteqdot\frac{17}{12}+\frac{-\frac{1}{144}}{2\times\frac{17}{12}}$$

$$=\frac{17}{12}-\frac{1}{408}\doteqdot 1.414216$$

위 세 가지 예를 통해서도 우리는 $\sqrt{2}$의 실제 값과 상당히 가까운 근삿값 1.414216을 얻을 수 있다. 만약 여러분이 더 정확한 근삿값을 얻기를 원한다면 이 근사 공식을 계속 사용해서 계산하기만 하면 된다.

연분수 방법

한 가지 더 소개할 것은 연분수로 $\sqrt{2}$의 값을 계산하는 것이다. 연분수는 어떤 수를 근사한 분수로 나타내는 것으로 효과적

인 도구이다. $\sqrt{2}$는 연분수로 다음과 같이 나타낼 수 있다.

$$\because \quad (\sqrt{2}-1)(\sqrt{2}+1)=1$$

$$\therefore \quad \sqrt{2}=1+\frac{1}{1+\sqrt{2}}$$

우변 분모의 $\sqrt{2}$에 $\sqrt{2}=1+\dfrac{1}{1+\sqrt{2}}$를 대입하면

$$\sqrt{2}=1+\cfrac{1}{2+\cfrac{1}{1+\sqrt{2}}}$$

을 얻는다.

다시 우변 분모의 $\sqrt{2}$에 $\sqrt{2}=1+\dfrac{1}{1+\sqrt{2}}$를 계속해서 대입하면

$$\sqrt{2}=1+\cfrac{1}{2+\cfrac{1}{2+\cfrac{1}{2+\cfrac{1}{2+\ddots}}}}$$

이 된다.

이렇게 $\sqrt{2}$가 하나로 연분수로 표시되었다. 그리고 연분수의 꼬리부분을 버리면 $\sqrt{2}$는 다양한 근사분수로 나타낼 수 있다.

$$\sqrt{2} \fallingdotseq 1+\frac{1}{2}=\frac{3}{2}$$

$$\sqrt{2} \fallingdotseq 1+\cfrac{1}{2+\cfrac{1}{2}}=\frac{7}{5}$$

$$\sqrt{2} \fallingdotseq 1+\cfrac{1}{2+\cfrac{1}{2+\cfrac{1}{2}}}=\frac{17}{12}$$

$$\sqrt{2} \fallingdotseq 1+\cfrac{1}{\cfrac{1}{2+\cfrac{1}{2+\cfrac{1}{2+\cfrac{1}{2}}}}}=\frac{41}{29}$$

……

흥미로운 것은 계산기에서 $\sqrt{2}$의 값을 구하는 원리는 $\sqrt{2}$의 연분수 표현식에 따른 것이다. 우선 $1+\sqrt{2}$를 구하고 이것의 역수를 의미하는 [$1/x$]를 누른 후 숫자 2를 더하고 최종값을 확인하면 2.5이다. 이 값을 다시 [$1/x$], [+], [2], [=] 순서로 처리하면 2.4를 얻는다. 이 과정을 반복하면 $\sqrt{2}$의 근삿값을 얻을 수 있다.

물론 $\sqrt{2}$의 정확한 값을 구하기 위해서는 정밀한 컴퓨터가 필요하다. 알려진 바로는 1971년 10월 미국인 두카Duca가 컴퓨터로 $\sqrt{2}$의 값을 소수점 아래 100만 자리까지 구했다고 한다.

아벨의 수학농담

19세기 위대한 수학자 아벨은 가난한 목사 집안에서 태어났다. 소년 시절 그는 번트 홀름보에라는 선생님을 만났다. 홀름보에는 아벨이 17세 때 그의 천재성을 알아보고 그가 세계에서 가장 위대한 수학자가 될 것이라고 예언하며 그를 키워냈다.

아벨은 스승을 매우 존경하였다. 어느 날, 그가 스승에게 편지 한 통을 썼는데 편지 끝부분에 $\sqrt[3]{6064321219}$년이라는 비밀스러운 날짜를 붙여 보냈다. 이게 도대체 무슨 의미인가? 홀름보에는 이내 눈살을 찌푸렸다. 이 숫자는 세제곱 수를 나타내고 있어 다음과 같이 계산된다.

$$\sqrt[3]{6064321219} = 1823.5908275\cdots(\text{년})$$

연도가 소수라니! 사실은 이 수 자체가 아니라 정수 부분이 바로 그 해를, 소수 부분은 몇 월 며칠을 의미한다. 즉, 정수 부분 1823은 편지를 쓰는 해가 되는 것이다. 이 수는 연 단위로 하기 때문에 소수점 아래 부분은 날짜수로 환산해야 한다.

$$365 \times 0.5908275 \fallingdotseq 215.652\ (\text{일})$$
$$\fallingdotseq 216\ (\text{일})$$

즉, 1823년의 216번째 날이다. 1823년은 평년이기 때문에 원래 아벨이 편지를 쓴 날은 바로 1823년 8월 4일이었다. 기록에는 홀름보에 선생이 이 신기한 문제를 풀었는지에 대한 기록은 없다. 하지만 이 문제로 그는 진땀을 흘렸을 것이라 예상해 본다.

한눈에 간파하다

어느 날, 화라경 선생이 비행기에서 옆자리 승객과 이야기를 나누고 있을 때, 그의 조교가 옆자리 승객으로부터 빌린 잡지 한 권을 훑어보고 있었다. **화라경이 옆에서 바라보니 $\sqrt[3]{59319}$를 구하는 퀴즈문제가 보였다. 화라경은 바로 39라고 말했다.** 조교는 너무 놀라 그 비법을 물었다. 여러분이라면 어떻게 이 문제의 답을 구할까? 화라경은 이렇게 생각했다.

첫째, 이 수를 가정해야 한다. 이런 지능형 문제는 교묘하지 않다.

둘째, 59319의 세제곱근은 두 자릿수이다. 한 자릿수의 세제곱은 10^3을 초과할 수 없다. 세 자릿수의 세제곱은 적어도 100^3, 즉, 1000000이다.

셋째, 세제곱근의 일의 자리는 자릿수는 9이다. 0, 1, 2… 9에서 9만 세제곱의 일의 자리수가 9가 되기 때문이다.

넷째, 십의 자리 수를 정하는 것이 쉽지는 않겠지만 제곱수

59319를 오른쪽에서 왼쪽으로 세 자리만 떼어내 59를 얻으면 그에 따라 십의 자리 수를 구할 수 있다. $3^3=27$이고 $4^3=64$이므로 그 제곱수의 십의 자리 수는 3이어야 한다. 위의 내용을 종합하면, 59319의 제곱근은 39이다.

사람마다 해법이 다양하다. 이 방법은 특별한 것은 없어 보인다. 화라경 선생에게는 평범해 보이는 이 방법을 일반 사람은 생각해내지 못하는 이유는 무엇일까.

1982년 〈유니버셜Universal〉 잡지 제3호에 '인간 컴퓨터'라는 제목의 기사가 실렸다. 37세의 인도 여성 샤쿤탈라는 201자리 수의 스물세제곱근을 50초 만에 계산했는데 질문자가 이 201자리 숫자를 칠판에 적는 데에만 4분이 걸렸다고 한다. 또 당시 가장 앞선 컴퓨터로 계산해도 1분이 걸렸다. 그래서 사람들은 샤쿤탈라를 '수학 마술사'라고 불렀고, 그녀의 이야기는 한때 센세이션을 불러일으켰다.

수학자 화라경이 그녀의 보도 이후에 그 기사를 쭉 한번 보더니 샤쿤탈라의 답이 틀렸음을 확인하였다. 그는 정말 예리했다. 질문자가 쓴 201자리는 이렇다.

91674867920039158098660927585380162483106680144308622407126516427934657040867096593279205767480806

67900227830163549248523803357453169351119035965775
47340075681688305620821016129132845564805780158806
7711

샤쿤탈라의 답은 546372891이다. 화라경은 샤쿤탈라가 쓴 숫자에서 십의 자리 숫자가 9가 될 수 없다고 하였다. 7만 가능하다는 것이다. 왜 그럴까?

이런 문제들은 일반적으로 답이 '정해져' 있다. 제곱근이 정수라는 것이다. 이런 암묵적인 약속으로 볼 때 꼬리부분을 제거하면 예를 들어 144의 제곱근이 13이라고 하면 틀리는 것이다. 13을 제곱한 수의 일의 자리 수는 반드시 9로 절대로 4가 될 수 없는 것이다. 물론 우리가 당면한 문제는 이 숫자보다 훨씬 복잡하지만 말이다.

우리는 문제의 결론을 a^{23}와 a^3의 마지막 두 자리 수는 반드시 같다고 둘 수 있다.

a=1, a=2, a=5일 때, 어렵지 않게 확인할 수 있다. 샤쿤탈라의 답(마지막 두 자리 수가 91이었다)까지는 아직 많이 멀지만 그것의 스물세제곱의 마지막 두 자리는 그것의 세제곱의 마지막 두 자리 수인 71이다. 이것은 11에 대응하지 않는다. 끝부분이 71인 수의 스물세제곱의 끝 두 자리는 세제곱의 끝 두 자리 수 11

이 된다는 이유로 화라경은 샤쿤탈라의 답이 틀렸음을 바로 안 것이다.

이후에 화라경은 컴퓨터를 이용해 복잡한 계산을 해내었는데 결과는 문제가 틀린 것이었다.

아벨의 편지에서 화라경의 문제풀이에 이르기까지 대수학자의 바다와 같이 넓은 혜안으로 보면 작은 일처럼 보이겠지만 우리에게는 멀고도 먼 세상일처럼 느껴지기도 한다. 수학거장은 참으로 위대하다.

연분수와 밀율

고대 수학자 조충지는 π값을 소수점 아래 7자리까지 계산했는데 분수 $\frac{355}{113}$을 π 대신 사용하였고 이를 밀율密率이라고 불렀다.

밀율은 어떻게 계산한 것일까? 조충지가 쓴 수학 저서 《철술綴術》은 소실되어 정확한 방법을 알 수가 없다. 이에 근대 수학자 및 수학사 연구자들이 추측을 하였다. 저명한 수학자인 화라경이 밀율은 연분수로 추정했을 것이라고 추측했다. 그렇다면 연분수는 어떤 의미를 가질까?

$$\cfrac{1}{1+\cfrac{1}{2+\cfrac{1}{2+\cfrac{1}{4+\cfrac{1}{3}}}}}$$

앞서 다룬 바와 같이 이렇게 복잡한 형태의 분수를 연분수라고 하는데 이를 일반적인 분수의 꼴로 고쳐 값을 확인하면 0.71의 값을 나타냄을 알 수 있다.

반대로 이 수를 연분수로 나타낼 수도 있다. '역수, 나누기'만 반복하면 된다.

$$0.71 = \frac{71}{100}$$

$$= \frac{1}{\frac{100}{71}} \quad \text{(역수)}$$

$$= \frac{1}{1 + \frac{29}{71}} \quad \text{(나누기)}$$

$$= \frac{1}{1 + \frac{1}{\frac{71}{29}}} \quad \text{(역수)}$$

$$= \frac{1}{1 + \frac{1}{2 + \frac{13}{29}}} \quad \text{(나누기)}$$

$$= \frac{1}{1 + \frac{1}{2 + \frac{1}{\frac{29}{13}}}} \quad \text{(역수)}$$

$$= \frac{1}{1 + \frac{1}{2 + \frac{1}{2 + \frac{3}{13}}}} \quad \text{(나누기)}$$

$$= \frac{1}{1 + \frac{1}{2 + \frac{1}{2 + \frac{1}{\frac{13}{3}}}}} \quad \text{(역수)}$$

$$= \cfrac{1}{1+\cfrac{1}{2+\cfrac{1}{2+\cfrac{1}{4+\cfrac{1}{3}}}}} \quad \text{(나누기)}$$

순환하지 않는 무한소수 즉, 무리수도 연분수로 나타낼 수 있다. 단지 연분수가 끝이 없는 모양으로 나타난다.

π를 연분수로 나타내면 다음과 같다.

$$\pi = 3+\cfrac{1}{7+\cfrac{1}{15+\cfrac{1}{1+\cfrac{1}{292+\cfrac{1}{1+\cfrac{1}{1+\cfrac{1}{1+\cfrac{1}{2+\cfrac{1}{1+\ddots}}}}}}}}}$$

π의 근삿값을 구하기 위해 위의 값에서 긴 꼬리를 제거하면

$$\pi \fallingdotseq 3+\frac{1}{7}$$

을 얻는다.

그러므로 π의 분수 근삿값은 $\frac{22}{7}$이고 이는 '약율約率'이라고 한다. 아르키메데스가 이미 2000여 년 전에 이 근삿값을 발견했는

데 중국 남북조 시대에 하승천이 먼저 사용했다는 기록도 있다고 한다.

만약 좀 더 정확한 값을 얻고 싶다면

$$\pi \fallingdotseq 3+\cfrac{1}{7+\cfrac{1}{15}} = \frac{333}{106}$$

더 정확하길 바란다면

$$\pi \fallingdotseq 3+\cfrac{1}{7+\cfrac{1}{15+\cfrac{1}{1}}} = \frac{355}{113}$$

을 얻을 수 있다.

이는 바로 '밀율'이다. 서양에서는 16세기 독일인 오토Otto가 발견하였는데 이는 조충지보다 천년 늦은 것이다.

파이(π)의 마라톤

원주율 파이(π)는 가장 유명한 무리수로서 사람들은 π의 수수께끼를 풀기 위한 노력을 부단히 기울였다. 원주율은 원둘레와 지름의 비율이다. 처음으로 그리스 알파벳 π(파이)로 이를 표현한 사람은 오일러이다. 그는 1737년 이 문자를 사용했다. 수학자 램버트는 1761년에 π가 무리수라는 것을 명확하게 설명하였는데 이전에 많은 사람은 π의 정확한 값을 구하기 위한 시도를 끊임없이 하였다. 분수, 유한소수 또는 순환하는 무한소수 등으로 π의 정확한 값을 나타내고 싶었지만 그 결과는 모두 헛수고로 돌아갔다. 왜냐하면 π는 무리수로서 순환하지 않는 무한소수였기 때문이다.

일찍이 옛날 사람들은 '원둘레 3, 지름 1' 즉, $\pi \fallingdotseq 3$이라고 여겼다. 이후 어떤 사람이 분수를 이용하여 π의 근삿값을 표현하였다. 고대 그리스의 아르키메데스는 π의 값을 $\frac{223}{71}$에서 $\frac{22}{7}$ 사이의 값으로 생각했다. 중국의 조충지는 $\frac{355}{113}$로 π의 값을 표현했다. $\frac{22}{7}$와 $\frac{355}{113}$ 이 두 값은 간단하면서도 π값에 상당히 근사한 값으로 조충지는 이를 각각 '약율', '밀율'이라고 불렀다.

이후에도 여전히 π의 값을 구하려는 시도가 많았다. 예를 들어, 고대 이집트인들은 $\frac{256}{81}$을, 그리스 천문학자 프톨레마이오스는 $\frac{377}{120}$, 중국 북위의 유휘는 $\frac{157}{50}$과 $\frac{3927}{1250}$, 동한의 채옹은 $\frac{25}{8}$, 저명한 천문학자 장형은 $\frac{92}{29}$, 삼국시대 왕판은 $\frac{142}{45}$, 명나라 방이지는 $\frac{52}{17}$, 또 어떤 이는 $\frac{63}{20}$, 고대 인도인은 $\frac{754}{240}$, $\frac{3927}{1250}$, $\frac{721}{228}$을 π의 값으로 여겼다.

한편 역사적으로 볼 때, 많은 사람이 π를 소수로 나타내었다. 고대 이집트의 아메스 파피루스에는 $\pi \fallingdotseq 3.1604$라고 기록되어 있다. 유휘는 $\pi \fallingdotseq 3.14$로 계산했고 조충지는 π의 값을 3.1415926과 3.1415927 사이의 값으로 여겼는데 이는 소수점 아래 7자리까지 정확한 값으로 당시 세계기록이다.

이후에 끊임없이 이 기록은 갱신되었다. 아랍인 알카시는 1427년 소수점 아래 17자리까지 계산했다. 네덜란드 수학자 루돌프 판 쾰런Ludolph van Ceulen은 1596년 소수점 아래 20자리를 발표했다. 순환하지 않는 양상을 보이자 계속 노력한 끝에 π값의 소수점 아래 35자리까지 평생 공들여 계산했음에도 결국 순환하는 모양을 찾을 수 없었다. 1610년 루돌프 판 쾰런이 사망한 후, 사람들은 그에게 기발한 묘비를 세워 주었다. 묘비에는 그가 평생 공들여 구한 π값의 소수점 아래 35자리까지의 정확한 근삿값이 새겨졌다.

3.14159265358979323846264338327950288

그의 고향 네덜란드에서는 이 값을 '루돌프 수'라고 부른다.

이런 노력 끝에 마침내 존 하인리시 램버트는 π가 무리수라는 것을 증명하였다. 사람들은 이 문제를 해결한 램버트를 존경하면서 묵묵히 탐구에 열중한 루돌프에게도 감사의 마음을 전했다. 루돌프의 연구가 램버트의 연구를 도운 측면이 있기 때문이다.

이후 사람들은 π가 순환하지 않는 무한소수 즉, 무리수임을 알면서도 소수점 아래 숫자를 최대한 많이 찾으려는 노력을 멈추지 않았다.

1841년 영국 수학자 윌리엄 러더포드는 π를 소수점 아래 208자리까지 계산했다. 이후 연구에서 밝혀진 것은 그중 152자리만 정확하다는 것이었다. 1844년 독일의 자타공인 계산에 뛰어난 요한 다제는 π를 소수점 아래 202자리까지 나타내었다. 그는 놀라운 암산력을 지녔는데 1분에 8자리의 두 수의 곱을, 6분에 20자리의 두 수의 곱을, 40분에 40자리의 두 수의 곱을, 9시간에 100자리의 두 수의 곱을, 52분에 100자리의 두 수의 제곱을 계산할 수 있었다. 또한 그는 7000000에서 9999999의 7자리 자연대수표와 인수표도 만들었다.

1853년, 러더포드는 기록을 갱신하여 π를 소수점 아래 400자리까지 정확하게 계산했다.

사람들을 가장 놀라게 한 것은 1873년 영국인 윌리엄 샹크스가 π의 값을 소수점 아래 707자리까지 계산한 것이다. 아쉽게도 1946년 D.F. 퍼거슨은 샹크스가 얻은 값이 소수점 아래 528자리부터 모두 틀렸다고 발표했다.

1947년, 퍼거슨은 π의 소수점 아래 710자리까지의 정확한 값을 발표했다. 같은 달, 미국인 존 렌치 주니어는 소수점 아래 808자리의 값을 발표했지만 퍼거슨은 렌치에게 주어진 값의 723자리가 틀렸다고 지적했다. 이후 두 사람은 소수점 아래 808자리까지의 정확한 값을 함께 계산하여 1948년 1월에 발표했다.

이들의 노고는 칭찬받아 마땅하다. 방대한 계산을 손으로 직접 확인하며 계산해냈다. 이것이 얼마나 수고스러운 일인지는 상상도 할 수 없을 것이다. 1949년, 미국 메릴랜드주 애버딘의 탄도 연구 실험실에서는 컴퓨터를 이용하여 π값을 소수점 아래 2037까지 계산했는데 이는 컴퓨터로 계산하는 것의 시발점이 되었다.

1959년, 프랑스인 프랑수아 제니는 소수점 아래 16167자리까지 계산하였다.

1961년, 렌치와 다니엘 샹크스(윌리엄 샹크스와 관련 없는 인물)는 소수점 아래 100265자리까지 계산하였다.

1981년, 일본인은 137시간 동안 π값을 소수점 아래 2000038자리까지 계산하였다.

1986년 1월, 데이비드 펠리 등은 28시간 동안 π를 계산하여 소수점 아래 29360000자리까지 계산했고 연이어 일본 동경대학의 연구팀은 소수점 아래 134217700자리까지 계산하였다.

1995년. 일본 동경대학의 가네다 야스마사金田康正와 조력자 다카하시 다이스케高橋大介는 π를 소수점 아래 64억 자리까지 계산해내었고 두 사람은 다시 1997년에 소수점 아래 515.396억 자리를 기록했다. 이후에도 계속하여 성과를 내었다.

21세기에 들어서도 그 열기는 식지 않았다. 2002년 일본 동경대학의 정보기반연구소와 히타치제작소 공동연구팀에 따르면 이들은 원주율을 소수점 아래 12.411억 자리까지 계산하는 데에 모두 601시간 56분이 걸렸다고 한다. 보도에 따르면, 1초에 한 자릿수를 읽는다고 가정할 때 이를 다 읽는 데에 4만 년이 걸리며 이를 0.1mm 두께의 종이에 1만 자리로 채운다면 이 종이는 에베레스트 산보다 더 높게 쌓을 수 있는 정도라고 한다.

2007년 8월 13일 중국 수학자 왕홍샹은 그 값을 소수점 아래 53246.56896억 자리까지 계산했다. 2010년 1월 7일 프랑스 엔지니어 파브리스 벨라는 원주율을 소수점 아래 2조 7000억 자리까지 계산했다. 2010년 8월 30일 일본 컴퓨터 전문가 곤도 시게루는 일본 가정용 컴퓨터를 이용해 소수점 아래 5조 번째 자리까지 계산했고, 이후 그는 2011년 10월 16일 소수점 아래 10조 자리까지 계산했다. 당시 56세였던 곤도 시게루는 자신이 조립한 컴퓨터를 이용하여 원주율을 계산하였는데 2010년 10월부터 시작하여 약 1년 만에 2010년 자신이 세웠던 5조라는 세계 기록을 갈아치운 것이었다.

2019년 3월 14일 '국제 원주율의 날'에 신기록이 발표되었다. 일본의 구글 엔지니어는 구글 클라우드의 계산 데이터를 이용하여 121일 동안 π의 값을 소수점 아래 31.4만억자리까지 알아냈다. 이것이 이 책의 출판 전까지의 최신 기록이다.

π값을 계산하는 것은 마치 마라톤 경기와 같다. 실험 단계, 기하법 단계, 분석법 단계, 컴퓨터 단계, 클라우드 단계를 거쳐 원주율 계산 기록이 계속 경신된 것이다. 기록을 깨는 것은 인간의 욕망과 같다. 그러나 일각에서는 "그렇게 해서 무슨 소용이 있느냐. 밥 먹고 할 일 없느냐."라며 비아냥거리기도 했다.

이 일이 무의미하다고 함부로 말하지 마라. 이 과정은 몇 가지 이점이 분명히 있다. 우선 컴퓨터와 프로그램의 속도를 점검할 수 있다. 또한 이렇게 많은 자리의 데이터를 계산하는 것은 매우 어려운 일이다. 예를 들어 금고의 비밀번호가 원주율 값에서 몇 자리 값인지 알려준다고 하면 여러분은 알 수 있을까? 스스로 직접 알아보는 수밖에 없다.

따라서 원주율의 소수점 아래의 값을 이렇게 많이 계산하는 것은 암호학적으로 큰 이점이 있다.

파이(π)의 유별난 취미

파이(π)는 역사가 유구하고 영향력이 큰 무리수로 수학자들을 매료시켰을 뿐 아니라 다양한 방면에 이용되어 에너지를 뿜어내고 있다.

수학의 날

수학에도 기념일이 있을까? π에 대한 수학계의 애정은 대단하다. 수학에도 기념일이 있는데 바로 π와 관련이 있다. π를 주제로 한 최초의 대형 세리머니는 1988년 3월 14일 미국 샌프란시스코 과학박물관에서 열렸다.

한 물리학자가 박물관 직원과 참가자들을 이끌고 박물관 기념비를 $3\frac{1}{7}$바퀴(π의 근삿값 $\frac{22}{7}$) 돌기 운동을 했다. 사람들은 한 손에 든 애플파이를 먹으면서 π에 대한 지식을 공유하였다. 이후 이 박물관은 이런 전통을 매년 이어가며 축제를 열고 있다. 일부에서는 이를 벤치마킹하여 3월 14일 15시 9분 26초~27초(3.1415926⋯)에 행사를 시작하기도 한다. 그 밖에도 사람들은 종류와 상관없이 파이를 먹는데 이는 '파이pie'라는 단어와 그리스 문자 π의 발음이 같기 때문이다.

2011년 국제 수학회는 매년 3월 14일을 '국제 수학 기념일'로 제정한다고 공식 발표했다. 2019년 11월 유네스코 제40차 전체회의에서 3월 14일을 '국제 수학의 날'로 정한 까닭에 2020년 3월 14일은 제1회 '국제수학의 날'이 되었다. 2020년 '국제 수학의 날'의 주제는 '수학은 어디에나 있다'였다. 하지만 그해 봄, 프랑스 파리는 바이러스의 창궐이라는 특수한 상황으로 유네스코 본부 주최로 열릴 예정이었던 '국제 수학의 날' 행사를 취소했다. 그럼에도 불구하고 많은 사람은 온라인상에서 축하행사, 취미활동 등을 즐겼다. 흥미롭게도 3월 14일은 아인슈타인의 생일이자 스티븐 호킹의 서거일이기도 하다.

그 밖에도 π는 일상생활에서도 빈번히 출현하는데 미국 뉴욕의 수학박물관의 정문 바로 위에는 큰 π가 있다. 중국 광동성 심천의 인재 공원에는 'π교'라는 다리가 있는데 다리 위에는 π의 값 3.1415926…가 새겨져 있다.

1999년 1월 14일자 〈신민만보〉에 따르면 한 향수회사가 컴퓨터로 만든 향이 담긴 π라는 이름의 남성용 향수를 출시한다고 했다. 왜 π라는 브랜드를 사용할까? π는 3.1415…로 끊임없이 개선된다는 의미라고 한다. π를 이용한 상업적 마케팅 역시 사회적으로 사람들의 관심을 불러일으키기에 충분해 보인다.

π을 구하는 다양한 시도

π는 무리수이기 때문에 소수점 아래의 숫자는 끊임없이 나타나지만 다양한 계산법으로 수학자들의 π에 대한 열기는 뜨겁다.

π는 분수로 근삿값을 나타낼 수 있는데 그중 약율 $\frac{22}{7}$와 밀율 $\frac{355}{113}$는 가장 간결하면서도 기억하기 쉽고 비교적 정확한 것으로 유명하다. $\frac{22}{7}$는 소수점 아래 둘째 자리까지 그 값이 정확하고 $\frac{355}{113}$는 소수점 아래 여섯 자리까지 그 값이 정확하다.

인도 수학자 라마누잔은 $\frac{355}{113}$를 미세하게 수정하였는데 1에 근사한 값 $\left(1-\frac{0.0003}{3535}\right)$을 $\frac{355}{113}$에 곱하였다. 그 결과는 다음과 같다.

$$\frac{355}{113}\left(1-\frac{0.0003}{3535}\right)=3.141592653740722\ldots$$

위 결과는 소수점 아래 9자리까지 정확하다.

라마누잔은 π의 근삿값을 네제곱근 $\sqrt[4]{97.5-\frac{1}{11}}$을 이용하여 나타내려고 하였는데 이후 이는 다음과 같이 수정되었다.

$$\sqrt[4]{9^2+\frac{19^2}{22}}=3.14159265258\ldots$$

이 값은 소수점 아래 8자리까지 정확하다.

라마누잔은 이 방법이 기억하기 불편하다고 여겨 다시 수정을 거듭하였고 다음과 같이 나타내었다.

$$\sqrt[4]{102-\frac{2222}{22^2}}=3.14159265258\ldots$$

위의 식에서 근호 안에 8개의 2가 있다. 그리고 소수점 아래 8자리까지 정확하다.

그는 π와 관련하여 다음과 같은 두 가지 식을 나타내었다.

$$\frac{1}{\pi}=\frac{\sqrt{8}}{9801}\sum_{n=0}^{\infty}\frac{(4n)!(1103+26390n)}{(n!)^4 396^{4n}}$$

$$\frac{\pi}{4}=\cfrac{1}{1+\cfrac{1^2}{2+\cfrac{3^2}{2+\cfrac{5^2}{2+\cfrac{7^2}{2+\ddots}}}}}$$

라마누잔은 1887년에 태어나 1920년 33세라는 젊은 나이에 생을 마감했다. 그는 수학 역사상 유일무이한 천재로 여겨졌는데 일생을 가난에 시달렸지만 13세에 《평면삼각법Plane Trigonometry》이라는 책을 빌려 단숨에 읽은 후 책 속의 모든 문제를 해결했다. 또한 $e^{ix}=\cos x+i\sin x$을 유도하였고 그는 이것을 두고 매우 기뻐했다. 그러나 나중에 누군가가 이 공식이 바로 오일러 공식이라고 알려주자 그는 매우 상심해 공식을 유도한 원고를 내려놓는다. 23세 때 종이를 살 수도 없었던 그는 석판에 수학 연구를 진행해 첫 논문을 발표하게 된다. 1913년 친구의 격려로 영국의 저명한 수학자 하디에게 편지를 보낸다. 편지에는 그가 발견한 120개의 공식이 열거되어 있었다. 편지를 보고 놀란 하디는 라마누잔을 영국에서 공부할 수 있도록 불러들였다.

라마누잔이 천재로 불리는 것은 스승 없이 독학으로 공부한 데다 그의 연구방식이 특이했기 때문이다. 그는 때론 추리를 구사하고 때로는 직관을 이용했다. 1976년, 그의 유품에서 사람들은 노트 하나를 발견했다. 600개의 공식이 있는 이 노트에는 단 하나의 증명도 적혀 있지 않았다. 그중 어떤 공식은 1950년대에 이르러서야 확인이 되었고 어떤 공식은 아직도 확인되지 않고 있다. 그는 놀라운 통찰력을 가지고 있어 누군가가 그를 수학 예언자라고 말하는 것이 당연한 것처럼 들린다.

π는 라마누잔 외에도 다각도로 시도한 사람이 적지 않다. 영국인 스탠리 스미스는 $\frac{355}{113}$를 $\frac{553}{311}$으로 숫자를 반대로 쓴 다음, 분모에 1을 더하여 다음 결과를 얻었다.

$$\frac{553}{311+1}=1.772435897\ldots \fallingdotseq \sqrt{\pi}$$

1903년 누군가는 유사한 4개의 수(각각 대칭 꼴의 숫자)를 곱하여 π의 값을 구했다.

$$1.09999901 \times 1.19999911 \times 1.39999931 \times 1.69999961$$
$$=3.141592573...$$

이 값은 소수점 아래 6자리까지 정확하다. 어떤 사람은 세제곱으로 소수점 아래 6자리까지 정확한 π값을 계산하였다.

$$\frac{47^3 + 20^3}{30^3} - 1 = 3.141592593...$$

또 어떤 사람은 π값에 나타나는 숫자를 이용하여 π를 나타내기도 하였다. π의 근삿값을 3.141593으로 생각하여 3, 1, 4, 1, 5, 9, 3의 7개 숫자로 다음과 같은 식을 나타낼 수 있다. 이 값은 소수점 아래 4자리까지 일치하는 근삿값이다.

$$\left\{\left(\frac{3}{14}\right)^2 \cdot \left(\frac{193}{5}\right)\right\}^2 = 3.14158$$

π는 정말 오래된 신선한 과제이다. 끊임없이 새로운 연구 성과를 얻을 수 있다.

π값 외우기

π의 소수점 아래 값은 끝이 없고 순환하지도 않기 때문에 그 값을 외우기는 쉽지 않다. 서양에서는 시의 구句를 이용하여 외우는 사람도 있다. 예를 들어,

Yes , I have a number.

이 중 'Yes'는 3자, 'I'는 1자, 'have'는 4자로 구성되어 있다. 이런 식으로 단어의 알파벳 수를 차례로 쓰면 3.1416이 된다. 좀 더 복잡한 시구에는 다음과 같은 것이 있다.

See , I have a rhyme assisting,
My feeble brain its tasks sometime resisting.

이것으로 3.141592653589를 기억할 수 있다. 소수점 아래 31자리까지의 근삿값을 기억하는 데 도움이 되는 시구도 있다.

Sir, I send a rhyme excelling,
In sacred truth and rigid spelling,
Numerical spirits elucidate,
For me, the lesson's dull weight.
If, nature gain,
Not you complain,
Let Dr. Johnson fulminate.

비슷한 유형의 시가 많다. 또한 π값을 소수점 아래 100자리 이상 외우는 사람이 적지 않다. 이런 활동은 '취미'에 불과하지만, 그 기록을 깨기 위해 부단히 노력한다.

1977년, 영국인이 π를 소수점 아래 5050자리까지 외웠다. 1978년, 캐나다의 17세 학생은 소수점 아래 8750자리까지 외웠다. 1979년 10월, 일본의 소니회사에 근무하는 한 직원은 소수점 아래 200000자리까지 외웠다. 1987년 3월 9일, 일본의 어느 대학생은 17시간 21분(여기에는 4시간 15분의 휴식시간이 포함되었다) 동안 π의 소수점 아래 4만자리까지 외워 그 기록은 '기네스북'에 등재되었다. 1995년, 소수점 아래 42195자리까지 외운 사람이 등장하였다. 또한 2006년 중국 서북농림과기대학 석사 연구생 뤼차오용은 24시간 4분 동안 소수점 아래 67890자리까지 외워 세계 기록을 경신하여 기네스북에 올랐다.

π병 환자

π 연구와 계산을 하는 마라톤에서는 눈물겨운 사연들이 쏟아졌고, 기상천외한 사람들도 쏟아졌다. 아마도 이 사람들을 한데 모으면 책 한 권을 쓸 수도 있다. 이들을 수학자들은 'π병 환자'라고 부를 정도이다. π병 환자는 여러분의 생각보다도 더 다양한데 여기에 몇 가지 예를 들어보겠다.

1836년 프랑스 파리에서 유명한 수학 교수 코미(그의 타이틀에 주목하라)에게 우물을 파던 장인이 원형 테두리를 만드는 데 돌멩이가 몇 개 필요한지 물었다. 이에 코미는 "이 문제는 대답할 수 없다. 확신할 수 없다."라고 말했다. 하지만 고민 끝에 원둘레와 지름의 비율을 $\frac{25}{8}$ 즉, 3.1250이라고 말했다. 어리둥절해서 웃음이 나는데 π는 18세기 말에 이미 소수점 아래 152자리까지 계산되었다. 더 놀라운 것은 파리과학원이 코미에게 독립발견 표창을 수여한 일이다.

1892년 미국 〈뉴욕트리뷴New York Tribune〉에 글을 기고한 한 작가는 오랫동안 숨겨져 있던 π의 비밀을 재발견했다고 선언했다. 그 비밀은 바로 $\pi=3.2$라는 것이다. 발표 직후 많은 논란이 있었는데 $\pi=3.2$ 도입에 찬성하는 사람이 많았다. 지금의 관점으로는 정말 웃지 못할 일이다.

그는 에드워드 굿윈이라는 미국 의학박사인 의사로 영감을 받아 원주율 계산을 해결했다고 주장하였다. 그는 원주율을 $4:\frac{5}{4}$ 즉, 3.2로 보았다. 그는 1888년부터 미국 인디애나주 의회에 안건을 제출했는데 1897년 주의회 투표로 끝내 원주율 3.2법안을 통과시킬 뻔한 일이 벌어졌다. 1897년 당시 투표결과로 이 법안은 현재까지 보류 상태이다.

심지어 미국 인디애나주에서는 이런 일도 발생했다. 주교육감의 전폭적인 지원으로, 본 법안은 246번(1897년)으로 통과되었다.

법안은 "원의 넓이는 그 둘레의 $\frac{1}{4}$을 한 변으로 하는 정사각형 면적을 뜻한다고 하는데….” 우리는 원 둘레가 $C=2\pi r$이고, 이 길이의 $\frac{1}{4}$을 한 변으로 하는 정사각형의 면적은 $\left(\frac{\pi r}{2}\right)^2$임을 안다.

이것과 원 넓이는 서로 같으므로 즉,

$$\pi r^2 = \left(\frac{\pi r}{2}\right)^2$$

이므로 $\pi=4$임을 알 수 있다.

아, 정말 생각지도 못한 값이 나왔다. 이 법안이 공포되자 사람들의 비웃음을 샀고, 미 상원도 이를 방치하게 되었다.

1931년, 어떤 열성적인 작가는 $\pi=3\frac{13}{81}$을 증명하기 위해 자료를 만들었다. 두터운 자료의 사본은 미국의 많은 대학과 공공도서관에 배포되었다. $3\frac{13}{81}$은 3.16으로 고대 이집트인의 수학 수준이다.

20세기가 끝나갈 즈음에도 끊임없이 π에 관해 시도를 하는 사람이 있었다는 것이 믿기지 않는다. 1998년 9월 16일자 한 신문은 ‘캐나다 수학 천재가 원주율이 유리수임을 증명하다!’라는 기사를 내었다.

“원주율 3.1415926…은 영원히 깰 수 없는 값이다. 하지만 최근 캐나다의 17세 수학 천재에 의해 깨졌다. 올해 6월 고등학교를 졸업한 그는 인터넷 이메일과 전 세계 25대의 컴퓨터를 연결시켜 원주율을 소수점 아래 1조 2천 500억 자리의 값으로 계산했다. 그런데 예전에는 둘레의 길이를 지름으로 나눈 것을 π의 값으로 생각하였고 이는 무리수라고 여겨졌다."

1999년 1월 13일이 되어서야, 이 신문은 비로소 정정 기사를 실어 기사 내용을 수정하였다.

2002년 10월 22일, 중국 서부의 한 신문은 '농민이 조충지에 도전하다'라는 제목의 글을 발표했다. 이 글은 어느 초등학교 학력수준의 농민이 50년이나 걸려 원주율을 소수점 아래 17자리까지 계산해 조충지의 결과를 뛰어넘어 11자리를 더 추가했다고 전했다.

전문가들이 이에 대해 검토를 진행하였으나, 결론이 어떻게 나왔는지 알 수는 없었다. 만약 이런 연구 성과가 인정받는다면 원주율 연구에 혁명이 될까? 21세기에도 이런 우스갯소리가 나오고 있다.

π 범행기

미국 물리학의 대가이자 노벨 물리학상 수상자인 파인먼은 지능 높은 농담을 즐겼다. 소년 시절 물리학을 공부하면서 '인간의 소변은 과연 중력에 의해 배출되는 것인가' 하는 문제를 연구하기 시작했다.

친구들은 대부분 중력에 의해 소변이 배출되는 것이 틀림없다고 생각했지만 파인먼은 그렇지 않다고 생각했다. 결국 파인먼은 물구나무를 선 상태로 오줌을 누어 중력에 의한 소변 배출이 아니라는 사실을 실례를 통해 입증했다.

파인먼 박사는 이후 미국의 원자폭탄 제조의 '맨하탄 프로젝트'에 참여해 극비리의 생활을 하였다. 그는 단조로운 생활 리듬을 견디기 어려워서 무언가 새로운 자극을 찾기 시작했다. 갑자기 아주 복잡한 금고 다이얼을 어떻게 열 것인지를 연구하기 시작했다. 똑똑한 사람은 무엇을 하든 성과를 낸다. 오래지 않아 파인먼은 자신의 잠금 해제 기술의 기량을 시험해 보기로 했다.

어디에서 했을까? 그가 생활하는 환경은 전부 극비였다. 결국 그는 미국의 원자폭탄 연구 기밀문서가 들어 있는 금고를 열었는데 이는 감옥행이나 다름없었다.

그는 여기서 그치지 않았다. 기밀문서는 보안을 위해 각각 9개의 금고에 보관되어 있었는데 파인먼은 금고가 어디 있는지 알고 있지만 각각의 비밀번호를 몰랐다.

파인먼은 이곳의 직원들이 대부분 과학자이고, 그들은 π에 대한 애정이 남다르다는 것을 잘 알고 있었다. 파인먼은 π에 대해서도 잘 알고 있어 소수점 아래 여러 자리를 외울 정도였다. 그래서 그는 비밀번호가 π의 100자리, 1000자리 이후의 몇 개 숫자와 같을 거라고 짐작했다. 이런 생각으로 시도하니 첫 번째 금고의 비밀번호를 금세 알 수 있었다. 파인먼은 금고를 열고 서류 하나를 가지고 갔다. 그러나 그는 일의 심각성을 알고 있었기 때문에 금고에 쪽지 하나를 남겼다.

LA4312 파일 1부를 빌려 갑니다.

- 잠금장치 전문가 파인먼이 남김.

그런 후, 그는 또 다른 금고를 열었고 이런 식으로 단숨에 모든 금고를 열어 마지막 금고에 이런 쪽지를 남겼다.

비밀번호가 다 똑같아, 너무 간단해!

- 같은 사람이 남김.

파인먼은 왜 쪽지를 남겼을까? 증거를 남기지 않고서야 어떻게 그가 세계 최고의 기밀을 담은 금고를 열었다는 것을 증명할 수 있겠는가?

이야기의 결말은 파인먼이 호된 처벌을 받지 않았을 뿐만 아니라 동료들이 그의 총명함과 배짱에 감탄하게 만드는 것으로 끝이 났다.

잡담 0.618…

[그림 2-2]와 같은 오각형의 별 모양을 보자.

선분의 비 즉, 선분 $AC : AB$, $AD : AC$, $CD : AD$는 서로 같은 값을 가진다. 이에 비 값을 바로 구할 수 있다.

[그림 2-2]

[그림 2-2]에서 선분 AC의 길이를 1, 선분 AD의 길이를 x라고 하자. 그러면 $DC=1-x$, $BC=x$이다.

$AC : AB = AD : AC$이므로 $1 : (1+x) = x : 1$

즉, $x^2+x-1=0$

이므로 $x=\dfrac{\sqrt{5}-1}{2}(x>0)$이다.

같은 이유로 $AD : AC=CD : AD$이므로 $x : 1=(1-x) : x$

즉, $x^2+x-1=0$이므로 $x=\dfrac{\sqrt{5}-1}{2}(x>0)$이다.

$AD : AC = CD : AD$에서 선분 AC 위의 점 D에 의해 선분 AC는 AD, DC로 나누어지고 위 비례식을 만족한다. 이런 분할을 황금분할이라고 하며 $\frac{\sqrt{5}-1}{2}$(약 0.618)을 황금비라고 한다.

0.618은 그 활용범위가 매우 광범위하다. 미학에서 황금분할을 이용하는 예가 많다. 그림이 정사각형이면 약간 딱딱해 보이지만 가로와 세로 비율이 0.618인 직사각형으로 그리면 보기 좋다. 고대 그리스인들은 황금분할을 숭배할 정도로 좋아했는데 사람이 배꼽을 기준으로 황금비를 이루고, 상체가 유두 기준으로 황금비를 이루며, 하체가 무릎을 기준으로 황금비를 이룰 때를 미의 기준으로 삼았다.

현대 과학에서 이를 활용한 방법은 '0.618법'으로 황금분할법이라고도 한다. 제품을 만들 때는 항상 최적의 생산 조건을 찾아야 한다. 예를 들어 어떤 제품의 품질을 높이기 위해서는 원료를 넣어야 하는데, 이미 0~1000g이 투입되었다면 과연 몇 g의 원료를 더 넣을 때가 제품의 품질이 가장 좋을까? 단순하게 생각하면 1000회 실험을 하면 된다. 1g, 2g… 이런 식으로 매번 실험하고 각 실험 결과를 비교해 보면 몇 g을 넣어야 하는지 알 수 있다. 하지만 이런 방법은 틀림없이 적지 않은 시간과 원료를 써야 한다. 너무 느리고 비용까지 많이 들 수 있다.

'0.618법'은 실험을 두 번 한다면 먼저 618g을 넣고 다시 382(=1000-618)g을 더 넣는다. 주의할 것은 만약 0~1000g의 이 범위를 하나의 선분 AB라고 본다면, 382g과 618g은 선분 AB 위의 두 점(C와 D)으로 볼 수 있고 이는 '황금분할점'이다. 그런 다음, 두 번의 시험 결과를 비교한다. 618g(D)을 넣는 게 효과적이라면 선분 AC를 잘라낸다. 만약 우리가 382g의 원료를 넣는 효과가 618g에 비해 떨어진다고 생각한다면, 1g, 2g,…. 381g은 당연히 효과가 좋지 않음을 알 수 있다.

이렇게 해서 단번에 381회의 실험(382g(C)을 넣은 효과가 더 좋으면 BD를 잘라낸다)을 줄일 수 있다. 이어서 선분 BC에 대해 점 D 외에 다른 황금분할점을 찾아내고, 다시 한번 실험을 하고, 비교한 후에 다시 한 선분을 잘라낸다. 또 여러 번의 시험을 줄일 수 있다. 이렇게 하면 몇 번의 실험을 할 필요가 없이 최적의 생산 방법을 찾을 수 있다.

황금비는 또 연분수와 관계가 있는데 황금비를 연분수로 표시하면 매우 흥미롭다.

$$\frac{\sqrt{5}-1}{2}=\frac{1}{\frac{\sqrt{5}+1}{2}}=\frac{1}{1+\frac{\sqrt{5}-1}{2}}$$

$$=\frac{1}{1+\frac{1}{\frac{\sqrt{5}+1}{2}}}=\frac{1}{1+\frac{1}{1+\frac{\sqrt{5}-1}{2}}}$$

$$=\cdots$$

$$=\frac{1}{1+\frac{1}{1+\frac{1}{1+\frac{1}{1+\ddots}}}}$$

뜻밖에도 1로 구성된 연분수를 얻었다.

이때 이 연분수의 긴 꼬리를 잘라내면 황금비 $\frac{\sqrt{5}-1}{2}$의 근삿값을 얻을 수 있다.

$$\frac{\sqrt{5}-1}{2}\fallingdotseq\frac{1}{1+\frac{1}{1}}=\frac{1}{2}$$

$$\frac{\sqrt{5}-1}{2}\fallingdotseq\frac{1}{1+\frac{1}{1+\frac{1}{1}}}=\frac{2}{3}$$

$$\frac{\sqrt{5}-1}{2}\fallingdotseq\frac{1}{1+\frac{1}{1+\frac{1}{1+\frac{1}{1}}}}=\frac{3}{5}$$

$$\frac{\sqrt{5}-1}{2} \fallingdotseq \cfrac{1}{1+\cfrac{1}{1+\cfrac{1}{1+\cfrac{1}{1+\cfrac{1}{1}}}}} = \frac{5}{8}$$

$$\frac{\sqrt{5}-1}{2} \fallingdotseq \cfrac{1}{1+\cfrac{1}{1+\cfrac{1}{1+\cfrac{1}{1+\cfrac{1}{1+\cfrac{1}{1}}}}}} = \frac{8}{13}$$

……

황금비 $\frac{\sqrt{5}-1}{2}$의 값은 $\frac{1}{2}$, $\frac{2}{3}$, $\frac{3}{5}$, $\frac{5}{8}$, $\frac{8}{13}$, $\frac{13}{21}$, $\frac{21}{34}$, …, 이런 식으로 근사한다.

여기서 1, 2, 3, 5, 8, 13, 21, 34…는 뜻밖에도 피보나치 수열로 이는 이후에 살펴볼 것이다. 황금비의 활용 범위는 참으로 넓다.

밀율과 0.618…

조충지의 밀율密率 $\frac{355}{113}$가 일본에 전해진 이후, 일본 수학자들은 조충지가 어떻게 밀율을 발견했는지를 알아내고자 힘썼다. 일본의 《괄요산법括要算法》에는 113개의 분수로 된 수열이 실려 있다.

$$\frac{3}{1}, \frac{7}{2}, \frac{10}{3}, \frac{13}{4}, \frac{16}{5}, \frac{19}{6}, \frac{22}{7}, \cdots, \frac{355}{113}$$

이 수열이 말하고자 하는 것은 무엇일까?

$\frac{3}{1}$, $\frac{4}{1}$ 이 두 분수는 π의 가장 느슨한 근삿값이다. $\frac{3}{1}$은 π의 근삿값에 부족한 값으로 $\frac{3^{(-)}}{1}$, $\frac{4}{1}$는 π의 근삿값을 초과하는 값이므로 $\frac{4^{(+)}}{1}$로 표시하자. 이 두 분수에서 조금씩 더 정확도를 높여가면 최종적으로 $\frac{355}{113}$를 얻는다.

어떻게 하면 정확도를 조금씩 높일 수 있을까? π에 부족한 근삿값 $\frac{3^{(-)}}{1}$과 초과하는 근삿값 $\frac{4^{(+)}}{1}$로 만든 새로운 분수를 이용한다.

$$\frac{3+4}{1+1} = \frac{7}{2}$$

이는 $\frac{3}{1}$과 $\frac{4}{1}$의 산술평균이 아니라 $\frac{3}{1}$과 $\frac{4}{1}$를 분모끼리, 분자끼리 더한 값이다. 이 값은 $\frac{3}{1}$과 $\frac{4}{1}$의 사이에 있다.

이는 π의 근삿값을 조금 초과하는 값으로 $\frac{7^{(+)}}{2}$로 나타낼 수 있다.

같은 방법으로 $\frac{3^{(-)}}{1}$와 $\frac{7^{(+)}}{2}$를 이용하여 새로운 분수를 만든다. 이 값은 $\frac{3}{1}$과 $\frac{7}{2}$의 사이에 있다.

$$\frac{3+7}{1+2}=\frac{10^{(+)}}{3}$$

다시 $\frac{3^{(-)}}{1}$와 $\frac{10^{(+)}}{3}$를 이용하여 새로운 분수를 만든다.

$$\frac{3+10}{1+3}=\frac{13^{(+)}}{4}$$

이 과정을 계속하면

$$\frac{3+13}{1+4}=\frac{16^{(+)}}{5}$$

$$\frac{3+16}{1+5}=\frac{19^{(+)}}{6}$$

$$\frac{3+19}{1+6}=\frac{22^{(+)}}{7}$$

이다. 여기서 '약율'을 얻었다. 다시 이 과정을 진행하면

$$\frac{3+22}{1+7}=\frac{25^{(-)}}{8}$$

이 값은 π의 근삿값에 조금 부족한 값으로 $\frac{25}{8}^{(-)}$와 $\frac{4}{1}^{(+)}$로 새로운 분수를 만든다.

$$\frac{25+4}{8+1}=\frac{29}{9}^{(+)}$$

다시 $\frac{3}{1}^{(-)}$와 $\frac{29}{9}^{(+)}$로 새로운 분수를 만든다.

$$\frac{3+29}{1+9}=\frac{32}{10}^{(+)}$$

……

이와 같은 과정을 계속하여 $\frac{355}{113}$를 얻을 수 있다.

이 과정을 자세히 들여다본 독자는 $\frac{25}{8}^{(-)}$ 이후에 $\frac{25}{8}^{(-)}$와 $\frac{4}{1}^{(+)}$로 새로운 분수를 만들 필요가 없다는 것을 알아챘을 것이다. 여기서는 $\frac{25}{8}^{(-)}$와 $\frac{22}{7}^{(+)}$로 새로운 분수를 만드는 것이 더 낫다.

이는 다음과 같다.

$$\frac{25+22}{8+7}=\frac{47}{15}^{(-)}$$

이렇게 수정하면 113번 시행까지 가지 않아도 된다. 24번 시행으로 밀율을 얻을 수 있다.

$$\frac{3}{1}^{(-)}, \frac{4}{1}^{(+)}, \frac{7}{2}^{(+)}, \frac{10}{3}^{(+)}, \frac{13}{4}^{(+)}, \frac{16}{5}^{(+)}, \frac{19}{6}^{(+)}, \frac{22}{7}^{(+)},$$

$$\frac{25}{8}^{(-)}, \frac{47}{15}^{(-)}, \frac{69}{22}^{(-)}, \frac{91}{29}^{(-)}, \frac{113}{36}^{(-)}, \frac{135}{43}^{(-)}, \frac{157}{50}^{(-)}, \frac{179}{57}^{(-)},$$

$$\frac{201}{64}^{(-)}, \frac{223}{71}^{(-)}, \frac{245}{78}^{(-)}, \frac{267}{85}^{(-)}, \frac{289}{92}^{(-)}, \frac{311}{99}^{(-)}, \frac{333}{106}^{(-)}, \frac{355}{113}^{(+)}$$

위와 같은 방법은 황금비에도 이용할 수 있는데 $\frac{0}{1}^{(-)}$, $\frac{1}{1}^{(+)}$를 황금비를 계산하는 시작점으로 그 사이의 새로운 분수를 찾아 나가면 다음과 같은 분수를 얻는다.

$$\frac{0}{1}^{(-)}, \frac{1}{1}^{(+)}, \frac{1}{2}^{(-)}, \frac{2}{3}^{(+)}, \frac{3}{5}^{(-)}, \frac{5}{8}^{(+)}, \frac{8}{13}^{(-)}, \frac{13}{21}^{(+)}, \frac{21}{34}^{(-)}, \cdots$$

이 분수들은 공교롭게도 연분수법으로 구한 것과 완전히 일치한다.

위와 같은 방법은 더할 나위 없이 간단하여 여러분도 모두 어려움 없이 해결할 수 있다. 중국 고대 천문학자들은 역법을 만들 때 가성법加成法(고대에는 조일법調日法)을 널리 사용했기 때문에 조충지의 밀율이 가성법에서 나왔을 거라는 추측은 일리가 있다.

화라경의 묘책

중국의 저명한 수학자 화라경 교수는 평생 200여 편의 학술 논문을 발표하고 10편의 전문 서적를 출간하였다. 미국 시카고 과학기술박물관이 선정한 88명의 수학 위인 중 한 명이다.

이론상으로 걸출한 업적이 있는 화라경 교수는 생전에 공학자와 기술자들에게 수학적 방법을 보급하는 데 열정적인 모습을 보였다. 1973년 어느 날, 그는 허난河南성 뤄양樂陽시에서 노동자들을 위해 강의를 했다. 강의가 끝나자마자 뤄양 트랙터 공장의 공장장이 와서 가르침을 청했다.

기계는 항상 한 쌍의 톱니바퀴를 사용해야 한다. 바퀴의 두 축의 회전 속도(i)를 정한다. 예를 들면, 한 쌍의 톱니바퀴에서 능동축과 수동축의 회전속도비가 3이라면 능동축에 장착된 기어(액티브 휠)와 수동축에 장착된 기어(액티브 휠)는 각각 몇 개여야 할까? 능동바퀴는 수동 톱니바퀴의 $\frac{1}{3}$이어야 함을 알 수 있다. [그림 2-3]과 같이 능동바퀴의 톱니 수를 20개라고 하면 수동바퀴의 톱니 수는 60개이다. 혹은 능동바퀴의 톱니 수가 25개라면 수동바퀴의 톱니 수는 75개이다. 따라서 다음과 같은 공식(여기서 z_1은 능동바퀴의 톱니바퀴의 수, z_2는 수동바퀴의 톱니바퀴의 수)을 생각할 수 있다.

$$i = \frac{z_2}{z_1}$$

이것은 두 개의 톱니바퀴가 짝을 이룬 상황이다. 또한 공장에서 네 개의 톱니바퀴를 이용해 조립한다면 예를 들어, [그림 2-4]와 같이 z_1의 톱니바퀴와 z_2의 톱니바퀴 한쌍, z_3의 톱니바퀴와 z_4의 톱니바퀴 한쌍, 그리고 z_2, z_3 두 개의 톱니바퀴는 같은 축 위에 있으며 이런 톱니바퀴 세트(기어세트)의 회전속도를 나타내는 공식은 다음과 같다.

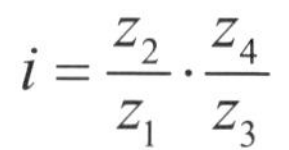

$$i = \frac{z_2}{z_1} \cdot \frac{z_4}{z_3}$$

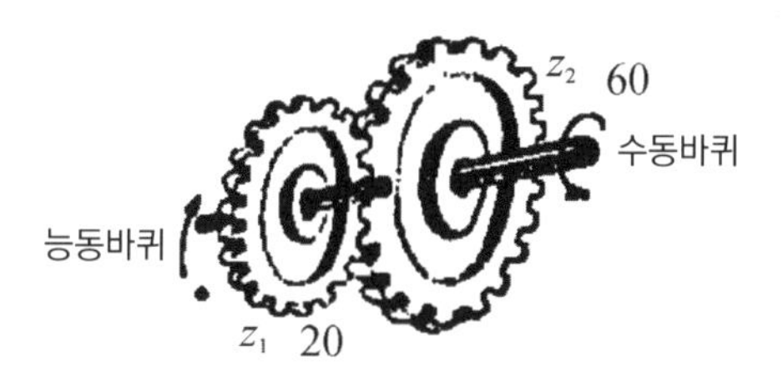

[그림 2-3]

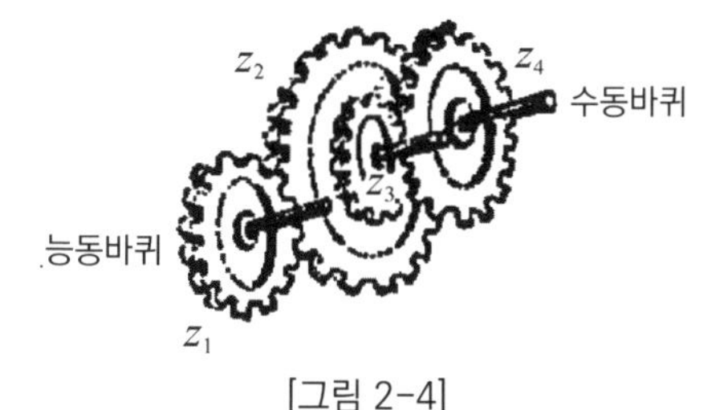

[그림 2-4]

기술자가 다시 질문을 하였다.

"만약 정해진 회전속도가 π라면 톱니바퀴 4개를 어떻게 조합해야 할까요?"

π의 근삿값인 분수로 나타낸 후에 분모, 분자를 각각 두 수의 곱으로 분해하면 인수는 바로 톱니바퀴의 톱니수이다. 다만, 이때 인수는 너무 크지도 작지도 않아야 한다. 톱니가 1만 개인 톱니바퀴를 만들 수 없고 또한 톱니가 2개인 톱니바퀴를 만드는 것은 더 말이 안 되기 때문이다.

이 기술자는 기계설명서에서 이 인수를 찾을 수 있다고 하였다.

$$\pi \fallingdotseq \frac{377}{120} = \frac{52 \times 29}{20 \times 24}$$

하지만 오차는 $\frac{1}{1000}$에 이른다. 그 자신도 다음과 같은 인수를 찾았다.

$$\pi \fallingdotseq \frac{2108}{671} = \frac{68 \times 62}{22 \times 61}$$

이것의 오차는 $\frac{4}{1000000}$에 불과하다. 그는 이보다 더 좋은 인수가 있겠느냐고 물었다.

이것은 상당히 곤란한 문제로 일정이 빡빡했던 화라경에게는 이것 이외에도 해야 할 일이 너무 많았다. 화라경은 뤄양을 떠날 때 기차역에서 잠시 짬을 내 급히 메모를 써서 뤄양에 남아있는 조수에게 맡겼다. 다음은 메모에 적힌 식이다.

$$\frac{377}{120}=\frac{22+355}{7+113}$$

이 메모에 적힌 숫자는 매우 의미가 있다. 알고 있는 것과 같이 $\frac{22}{7}$는 아르키메데스가 먼저 사용한 유율疏率이다. 또한 $\frac{355}{113}$는 조충지가 처음 사용한 밀율密率, $\frac{377}{120}$은 고대 그리스의 저명한 천문학자이자 수학자였던 프톨레마이오스가 사용했던 π의 근사분수이다.

$\frac{377}{120}$은 $\frac{22}{7}$와 $\frac{355}{113}$의 가성분수이다. 하지만 이 숫자가 이 문제를 푸는 데 무슨 의미가 있을까?

화라경은 메모를 남겼다. "강한 장군 아래 약한 병사 없다." 조수는 이 메모를 보고 바로 스승의 뜻을 알아차렸다. 한차례의 시도를 통해 그는 두 개의 더 좋은 결과를 찾아냈는데, 그중 하나의 분수가 가장 좋았다. 그는 먼저 $\frac{22}{7}$와 $\frac{355}{113}$의 가성분수(분모끼리 더하고 분자끼리 더하는 방법)로 $\frac{377}{120}$을 얻은 후에, $\frac{377}{120}$과

$\frac{355}{113}$의 가성분수를 11번의 연속 시행으로 구했다.

$$\pi \fallingdotseq \frac{22+11\times 355}{7+11\times 113}=\frac{3927}{1250}=\frac{51\times 77}{50\times 25}$$

이 값의 오차는 겨우 $\frac{2}{1000000}$밖에 안 된다. 공교롭게도 이 분수는 유휘劉徽가 할원술로 얻은 π값이다.

남다른 애정

첨단 기술로 명성이 자자한 구글이 2004년 미국 실리콘밸리의 교통중심인 101 도로에 커다란 광고판을 세웠다. 거기에는 수학문제가 하나 쓰여 있었다.

{*e*에 나타나는 연속된 숫자에서 가장 먼저 나오는 10자리 소수}.com

이 문제의 뜻은 무엇일까? 아마도 어떤 인터넷 주소인 것 같다. 좀 더 생각해 보면 *e*에서 먼저 나오는 소수점 아래 10자리를 구하면 될 거 같다. 사람들의 수학 실력이 다양하니 이런 문제를 보면 대부분 어리둥절할 것이다.

이것은 구글이 제시한 첫 번째 관문이다. 누군가는 문제를 이해하고 그 숫자까지 찾아내어 인터넷 주소창에 입력할 것이다.

다음은 구글의 두 번째 관문이다. 이 수학 문제를 풀 수 있다면 당신은 구글의 입사 절차에 정식으로 들어갈 자격이 있다. 이를 통해 구글이 수학 인재를 얼마나 중시하는지 알 수 있다. 하이테크 회사에서 일하기 위해서는 수학에 능통한 것은 필수이다. 중국의 화웨이에도 700여 명의 수학자가 근무하고 있다.

2004년 구글은 상장을 준비하고 있었는데 관련 자료에 따르면 회사는 주가를 2718281828(달러)로 예상한다고 발표했다. 이 숫자는 보기에 참 신기해 보이는데 실제로는 무리수 e의 앞자리 수와 일치한다. 구글은 e에 남다른 애정을 갖고 있는 것으로 보인다.

e의 의미

e가 도대체 무엇이길래 구글을 이렇게 매료시켰을까?

e는 원주율 못지않게 중요한 무리수이다. 고등학교 수학에서는 밑을 e로 하는 자연로그가 등장한다. e는 도대체 어떤 무리수일까? 왜 e를 밑으로 한 로그를 자연로그라고 하는가? 이는 보기에 뭔가 부자연스럽고 분명히 말하기도 쉽지 않다. e의 값은 2.7182818284…으로 여기에는 어떤 특별한 의미가 있을까?

만일 1원이 있어 이 돈을 은행에 맡겼다고 하자. 금리가 연 100%라면 1년 뒤엔 2원이 된다. 그런데 1년을 기다리기엔 너무 길다. 반년에 한 번으로 계산하면 안 될까?

은행에서는 "연금리가 100%라면 반년은 50%다."라고 말한다.

곰곰이 생각해 본 당신은 '좋아요! 반년에 한 번 출금해서 다시 예금하면 이자가 붙는 것은 마찬가지다!'라고 생각한다.

$$\left(1+\frac{100\%}{2}\right)^2 = 2.25\ (\text{원})$$

이 식에서 알 수 있듯이 1년 후, 1원은 2.25원이 되어 종전 2원보다 0.25원이나 많다.

돈을 좀 더 벌고 싶다면 돈을 찾고 다시 예금하는 빈도를 4개월에 한 번씩으로 줄이면 얻는 이자는 더 늘어난다.

$$\left(1+\frac{100\%}{3}\right)^3 \fallingdotseq 2.37037\ (\text{원})$$

또 0.12원을 더 벌었다. 이런 과정으로 매달 돈을 찾고 저축하면 이자는 더 많이 얻을 수 있다!

$$\left(1+\frac{100\%}{12}\right)^{12} \fallingdotseq 2.61304\ (\text{원})$$

이것을 매일 한다면 더 큰 것을 얻을 수 있다. 그럼 이 방법으로 큰 부자가 될 수 있을까? 아쉽게도 아니다. 이미 발견했을 수도 있지만 돈을 찾는 시간이 단축될 때마다 이자가 늘어나는 반면, 증가폭은 갈수록 작아진다. 사실, 이 액수는 어떤 값에 점점 가까워진다.

$$e = \lim_{n\to\infty}\left(1+\frac{1}{n}\right)^n$$

이 극한값은 대략 2.718…으로 우리는 이것을 e라고 부른다. 이것이 e의 의미이다. 생물의 성장과 번식, 방사성 물질의 붕괴, 복리 문제 등 성장과 관련된 개념마다 e가 나타난다. e는 어떤 성장의 한계를 대표하는 값으로 일종의 내재된 법칙과 같다.

어떤가? 그러고 보니 e가 자연스럽게 느껴지지 않는가?

수학에서 e를 밑으로 한 로그를 자연로그라고 하는 것은 당연하다!

어떻게 이럴 수 있을까? : 케플러의 결혼 문제

저명한 과학자 케플러는 첫 번째 부인이 세상을 뜨자 새 아내를 찾기 시작했다. 그는 11명의 신부 후보를 만나 본 후 꼼꼼하게 기록했다.

1번 후보 : 얼굴이 너무 마음에 안 든다. 바이~바이!

2번 후보 : 외모가 너무 우월하다. 나와 맞지 않다. 안녕!

3번 후보 : 자식이 있는 사람은 너무 복잡하다. 내가 감당하기 힘들다. 노우!

4번 후보 : 키가 크고 기품 있어 눈길을 끈다.

하지만 케플러는 다섯 번째 후보를 기대하고 있다. 누군가가 5번 후보는 겸허함, 절약, 근면함 등의 장점을 한몸에 지니고 있다고 귀띔해 주었다. 다섯 번째 여성을 본 케플러는 과연 4번 후보를 선택할까, 5번 후보를 선택할까? 결국 그는 오랜 시간 4번과 5번 후보를 두고 고민했지만 결정을 하지 못해 두 명을 모두 포기했다.

6번 후보는 화려한 옷차림의 대범한 여성이었는데 케플러는 결혼식 비용이 너무 많이 들까 걱정되었다. 7번 후보는 너무 매혹적이어서 마음에 든다. 하지만 후보를 다 보지 않은 상태였으므로 나중에 결정하려는 뜻을 보였다. 그런데 7번 후보는 기다리지 않고 자리를 떴다. 8번 후보에게는 별 관심이 가지 않았다. 너무 많은 후보를 봐서 심미적인 피로가 쌓인 것 같다. 9번 후보는 병약해 보여 마음에 들지 않았다. 10번 후보는 특별한 요구 없는 일반인이었지만 그가 감당하기 힘든 큰 체형을 가지고 있었다. 마지막 11번째 후보는 나이 차이가 너무 많이 나서 자신과 어울리지 않는다고 생각했다.

케플러는 11명의 모든 후보를 보았지만 한 명도 정하지 못했다. 문제는 어디에 있는 걸까?

케플러는 무엇이 잘못되었는지 생각하기 시작했다. 사실 케플러에게 필요한 것은 최적화 전략이었다. 즉, 가장 성공한다는 보장은 없지만 실망을 최소화할 수 있는 방법이다. 이 문제를 '케플러의 결혼 문제'라고 하는데, 다른 사람을 선택해도 마찬가지다.

예를 들어, 당신이 직원을 채용해야 하는 상황에서 20명의 지원자를 일일이 면접해야 한다. 한 사람씩 면접이 끝난 직후 바로 결정해야 하므로 '채용' 또는 싫으면 바로 '다음'을 외쳐야 한다. 돌아서서 후회할 수도 없고 채용이 결정되면 선택은 끝난다. 이런 상황에서 최적화 전략은 무엇일까?

마틴 가드너에 따르면, 1960년에 가장 설득력 있는 방법은 면접 전 후보자의 36.8%는 채용하지 않고, 이후 36.8% 중 가장 좋은 후보가 나오면 바로 채용하는 것이다. 왜 36.8%일까? 이 답은 신비한 무리수 e의 역수가 바로 $\frac{1}{e} \fallingdotseq 0.368$이기 때문이다. 이 공식은 무수한 시행을 거친다고 하더라도 가장 좋은 결과를 보장할 수 없지만, 적임자를 찾을 36.8%의 기회가 있음을 보여준다.

만약 케플러가 당시에 이 공식을 사용했다면 그 결과는 어땠을까? 11의 36.8%가 4이므로 1~4번 후보를 모두 탈락시키고 5번부터는 4번보다 낫다면 케플러가 바로 프로포즈해야 한다는 결론이다.

사랑 공식

수학은 사랑하는 사람을 선택할 때에도 도움이 될 뿐만 아니라 사랑을 수치로 표현할 수도 있다. 어떤 수학자는 정말로 이런 공식도 생각해냈다. 영국 에든버러 대학의 수학자 앨 필립, 심리학자 데이비드 루이스, 대인관계학자 프릭 아이프리는 '사랑 공식'을 만들었다.

$$L = \frac{\frac{F + Ch + P}{2} + \frac{3(C + I)}{10}}{(5 - SI)^2 + 2}$$

이 공식은 어떻게 만든 것일까? 실제로 적용 가능할까? 잠시 살펴보자.

이 중 *L*은 사랑을 나타내는 값이다. *F*는 상대방에 대한 자신의 호감, *Ch*는 상대방의 매력을, *P*는 상대를 봤을 때 자신의 감정 정도를, *C*는 자신감, *I*는 친밀함, *SI*는 자아 이미지를 나타낸다. 이 공식의 근거는 서로 사랑하는 사람의 주관적인 감정과 직관이다.

이 공식의 발명가들에 따르면 첫 데이트에서 남녀는 이 공식에 근거하여 두 번째 만남이 필요한지 아닌지를 판단할 수 있다고 한다. 데이트하는 사람은 1부터 10까지 자신의 상황에 점수를 매기고 자신과 상대방의 정보를 수치화한 후, 공식에 대입하면 연애의 성공 확률을 계산할 수 있다. 만약 총점이 8점에서 10점이면 로맨스를 발전시킬 수 있다, 5점에서 6점이면 괜찮지만 결과는 불투명하다. 4~5점은 비교적 냉랭하다, 4점 미만이면 거의 실패한다.

수학 농담

1975년 〈사이언스 아메리칸〉 4월호에 수학퍼즐 칼럼니스트 마틴 가드너는 다음과 같은 정리를 내놓았다.

$N = e^{\pi\sqrt{163}}$은 정수이다.

식에서 e는 2.71828182845904523536028747135266249…으로 π와 함께 유명한 무리수로 대수와 고등수학에서 많이 쓰인다. 이 명제가 참이라면 사람들은 두 개의 중요한 무리수 π와 e를 연결하는 간단한 관계식을 얻게 된다. 프랑스 파리의 '디스커버리 팰리스Discovery palace'에는 수학전시관이 있다. 고대 수학전시관과 근대 수학전시관 사이 벽면에는 $e^{i} \cdot \pi = -1$이라고 쓰여 있다. 이 방정식은 e와 π 사이의 관계를 나타낸다는 점에서 대단하다. 하지만 이 식에는 복잡한 요소인 복소수 i를 포함하고 있는데 $e^{\pi\sqrt{163}}$에 비하면 매우 간단하다. 게다가 세 개의 무리수 e, π와 $\sqrt{163}$으로 구성된 수가 정수라니 놀랍기만 하다.

〈사이언스 아메리칸〉지의 독자 중에는 수학애호가가 많다. 그들은 처음에는 일반 계산기로 확인하려 했지만, 곧 계산 결과가 너무 커서 확인이 불가능하다는 것을 알게 되었고, 기수법을 이용한 계산으로 이 값이 약 2.6253741×10^{17}인 것으로 확인하였다. 그런데 이 값이 정수인지 아닌지 판단하기 어려웠다. 누군가 컴퓨터로 확인해 보니 결과는 20자리 숫자로 다음과 같았다.

$$N = 262537412640768743.99$$

이 숫자에서 0.99는 매우 모호한데 N이 정수일 수도 아닐 수도 있음을 의미하는 것으로 0.01의 오차로 계산한 것이다. 방법이 없으니 좀 더 정확하게 계산해서 25자리까지 계산하면 결과는 다음과 같다.

$$N = 262537412640768743.9999999$$

앗! 결과에 여전히 모호한 값이 나타난다. 이에 다시 33자리까지 계산하면 드디어 그 모습을 드러낸다. 컴퓨터로 계산한 결과는 다음과 같다.

$$N = 262537412640768743.99999999999925 0$$

이 값은 N이 근본적으로 정수가 아님을 말한다.

4월 1일 발표된 이 정리는 마틴 가드너가 독자들에게 한 농담이었다. 4월 1일은 서양의 만우절로 알려져 있으니 농담은 무죄라고 봐주자.

이 문제는 인도의 천재 수학자 라마누잔이 먼저 제기한 것으로 알려져 있다. 그는 N을 정수라고 의심했다. 문제가 마틴 가드너를 통해 확산되자 영향이 커졌다. 진지하게 계산하는 사람도 있고, 헛소문을 퍼트리는 사람도 있다.

1991년, 《수학 일화 모음》(저자는 미국인 T. 파파스로 이 책은 1996년까지 출판됨)에 미국 애리조나대의 존 브릴로가 이 수가 262537412640768744와 같다는 것을 입증했다고 발표했다. 하지만 저자는 '정말 증명했을까?'라는 말을 덧붙이며 말을 아꼈다. 이 농담이 어디까지 와전됐는지 알 수 있다.

우리는 가끔 문제를 해결할 때
구체적인 문제에 집중하여 해결을 더 복잡하게 만들어버린다.
사실 우리가 해결하고자 하는 문제는
전체적인 관점에서 볼 때 답을 찾을 수 있고 더 간단한 문제가 되기도 한다.

3장

식과 방정식

수학 이야기

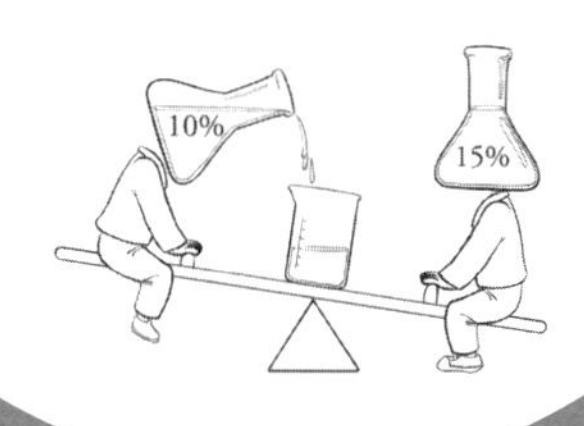

방정식은 좋은 것이다

초등학교 수학시간에 접해 본 울타리 안의 닭과 토끼 문제는 익히 알려져 있다. 문제는 다음과 같다.

닭과 토끼가 같은 울타리 안에 있다. 모두 74마리이고 발은 모두 234개이다. 이때, 닭과 토끼는 각각 몇 마리인지 구하여라.

만약 우리가 닭과 토끼의 수를 알고 있다면, 울타리 안에 모두 몇 개의 머리와 몇 개의 발이 있을지를 세는 것은 매우 쉽다. 한 마리당 머리가 하나씩이므로 닭과 토끼의 수를 합하기만 하면 울타리 안에 있는 머리수가 된다. 또한 닭은 발이 2개, 토끼는 발이 4개이므로 닭의 수에 2를 곱하고 토끼의 수에 4를 곱하여 더하면 발의 총수가 된다. 그런데 지금은 반대 상황이다. 우리는 닭과 토끼의 수를 알지 못하며 오히려 그것의 머리수와 발의 수만 알 뿐이다. 이런 상황에서 어떻게 닭과 토끼의 수를 정확히 알 수 있을까? 어떤 친구들은 머리를 싸매고 고민하며 이런 문제를 낸 사람을 원망할 수도 있겠다.

그렇다면 산술적인 방법으로 어떻게 해결할 수 있을지 고민해 보자. 다음과 같은 생각이 가능하다.

울타리 안의 토끼는 모두 두 뒷다리를 이용해 뛰어오른다. 그때 머리수는 여전히 74개이고 발의 수는 분명히 $74\times2=148$개이다. 그런데 문제에서는 울타리에 있는 발의 수는 모두 234개라고 알려주었다. 234에서 148을 빼면 즉, $234-148=86$개로 이 값은 울타리의 바닥에서 잠시 뜬 토끼의 두 앞 발의 수이다. 그래서 $86\div2=43$에서 43마리의 토끼의 수를 확인한다. 토끼의 머리수를 구했으므로 74에서 43을 빼면 바로 닭의 수이다.

$$74-43=31$$

산술적인 문제해결은 풍부한 상상력과 토끼가 뛰어오르는 장면을 연출해야 한다. 산술적인 방법이 왜 이렇게 어려울까. 반드시 그렇지는 않을 것이다. 실제로 닭과 토끼의 수를 모르더라도 그 수를 찾을 수 있다. 그 수를 아는 값이라고 여기고 미지수로 두면 된다.

닭을 x마리라고 두면, 토끼는 $74-x$마리가 된다. 닭은 발이 두 개, 토끼는 발이 네 개이므로 발의 총 개수는 $2x+4(74-x)$개이다. 또한 문제에서 울타리 안의 닭과 토끼의 발의 총수는 234개라고 하였으므로 $2x+4(74-x)=234$이므로 이 방정식을 풀면 바로 $x=31$로 닭이 31마리, 토끼는 43마리임을 알 수 있다.

미지수 x로 두는 방법을 눈여겨보자. 지금 보기에는 상당히 자연스러워 보이지만 인류 발전의 역사상 오랜 시간에 걸쳐 갈고 닦아 만들어진 수학적 사고이다. 중학교 1학년 수학시간에 적지 않은 학생들은 이 문제를 어떻게 풀어야 할까 고민한다. 응용문제를 하나 풀려고 해도 산술적인 사고방법을 이용해야 하니 종이 위에 x를 쓰고 끄적거린다. 방정식 문제를 푸는 사고는 모든 사람이 이용하지 않을 수는 있으나 수학에서 이런 사고는 매우 중요하고 문제해결의 매 장면에 등장한다.

제갈량의 거위털 부채

장비張飛는 군사들에게 진지 구축물을 세우고 병영을 건설하도록 명령했다. 이때, 땅의 면적을 계산하는 도중에 아무리 계산해도 세제곱 값이 나타나 이리저리 고심하며 계산을 시도해 다음과 같은 식을 얻었다.

$$\frac{5^3+2^3}{5^3+3^3}$$

식에 세제곱 값이 포함되어 있고 게다가 분수이니 계산을 어떻게 해야 할지 난감했다.

장비는 제갈량을 찾아가 이 식을 어떻게 계산해야 하는지 묻자, 제갈량은 거위털 부채로 지수를 날려버렸다.

$$\frac{5+2}{5+3}$$

장비는 너무 기뻤다. 어떻게 이렇게 간단할 수 있는가!

$$\frac{5+2}{5+3}=\frac{7}{8}$$

그런데 장비 옆에서 보고 있던 조운趙雲은 뭔가 미심쩍었다. "정말 이렇게 계산하면 맞는 게 확실합니까? 어째서 지수를 그냥 날려버리면 되는 것인지요?"라며 혼자 계산을 하였다.

$$\frac{5^3+2^3}{5^3+3^3}=\frac{125+8}{125+27}=\frac{133}{152}=\frac{7}{8}$$

'정말이야! 어떻게 이렇게 딱 들어맞을 수 있는 걸까?' 놀란 조운은 다시 제갈량에게 물었다. 제갈량은 무엇인가를 쓴 비단주머니를 조운에게 혼자서 보라며 넘겼다. 조운이 비단주머니를 열자, 공식 하나가 쓰여 있었다.

$$\frac{a^3+b^3}{a^3+(a-b)^3}=\frac{a+b}{a+(a-b)}$$

조운이 이 식을 보자 너무 놀라 소리를 질렀다. "아! 바로 이거였어!"

여러분은 이 식을 증명할 수 있을까? 인수분해 공식을 이용하면 다음과 같다.

$$\frac{a^3+b^3}{a^3+(a-b)^3}=\frac{(a+b)(a^2-ab+b^2)}{(a+a-b)\ \{a^2-a(a-b)+(a-b)^2\}}$$

$$=\frac{(a+b)(a^2-ab+b^2)}{(2a-b)(a^2-ab+b^2)}=\frac{a+b}{a+(a-b)}$$

노지심과 진관서는 왜 싸웠나

노지심은 고기를 사기 위해 진관서가 판매하는 정육점에 들렀다.

살코기 $\frac{8}{7}$근, 기름진 고기 $\frac{8}{7}$근, 뼈 $\frac{8}{7}$근, 연골 $\frac{8}{7}$근, 돼지콩팥 $\frac{8}{7}$근, 돼지간 $\frac{8}{7}$근, 돼지머리고기 $\frac{8}{7}$근…….

진관서가 노지심에게 더 필요한 게 없냐고 묻자, 노지심은 "나는 귀고기를 제일 좋아해, 귀고기 $\frac{8}{7}$근 더 주게."라고 말했다. 이에 진관서는 웃으며 "노씨 양반, 그건 돼지귀 $\frac{8}{7}$근이지?"라며 되물었다. 노지심은 상대하기 번거로워 "그러게나, 내가 말을 잘 못 했네. 돼지귀일세."라고 대답했고 진관서는 돼지귀 $\frac{8}{7}$근을 잘라내었다.

계산을 하려고 하는데 진관서가 화가 단단히 났다. $\frac{8}{7}$근이 8개이니 $\frac{8}{7}\times 8$과 같은 게 아닌가? 그런데 노지심은 $\frac{8}{7}\times 8$과 $\frac{8}{7}+8$은 같다고 우겨대는 것이다.

진관서는 $\frac{8}{7}$에 8을 곱하는 것이 명백히 맞는 것이라며 소리쳤다. 어떻게 이것이 '+8'의 결과와 같을 수 있단 말인가.

노지심과 진관서 중 누구의 말이 옳은 것일까? 여러분이 생각하기에 노지심의 말이 좀 억지스럽다고 여길 수 있다. 사실은 노지심의 말은 옳다. 다음을 보자.

$$\frac{8}{7}\times 8=\frac{8}{7}\times(1+7)=\frac{8}{7}\times 1+\frac{8}{7}\times 7=\frac{8}{7}+8$$

어떤가? 그래도 뭔가 의심스럽다면 일반화시킨 다음의 식을 보자.

$$\frac{n+1}{n}\times(n+1)=\frac{n+1}{n}+(n+1)$$

이제 믿을 만한가? 각자 증명을 해 보길 바란다.

영부족술

고대 중국에서는 문제해결에 '영부족술盈不足術'을 자주 이용하였다. 이후 영부족술은 아랍과 유럽에 전해져 '거란 알고리즘'이라고 불렸다. 다음의 흥미로운 예시는 마그니츠키의 《산술》에 제시된 것이다.

어느 날, 아버지는 아이를 데리고 학교에 갔다. 아버지는 선생님에게 이렇게 물었다.

"선생님 반의 학생 수는 몇 명인가요? 우리 아이를 선생님 반에서 공부하게 하고 싶어요."

선생님은 이렇게 말했다.

"만약 우리 반 학생 수를 두 배로 하고 다시 우리 반 학생 수의 $\frac{1}{2}$을 더한 다음, 또 우리 반 학생수의 $\frac{1}{4}$을 더한 다음에 다시 당신의 아들을 더하면 총 100명의 학생이 됩니다."

"도대체 학생 수가 몇 명이라는 거죠?"

아버지는 학생 수를 어떻게 알 수 있는지 좋은 방법이 없어 머리가 아팠다.

우리는 현재 반 학생 수를 x라고 두고 위에 제시된 내용을 식으로 나타낼 수 있다.

$$x + x + \frac{1}{2}x + \frac{1}{4}x + 1 = 100$$

이 식을 풀면 $x=36$(명)이다. 이렇게 풀면 더 고민할 것도 없이 답이 나오지만 반 학생 수를 몇 가지 수로 가정하여 답을 찾아보려고 한다.

우선 원래 학생 수를 24명이라고 하자.

그러면 $24+24+12+6+1=67$(명)으로 100명보다 33명 적은 값을 얻는다. 따라서 다음 가정은 학생 수를 좀 더 많은 값으로 32명이라고 정한다. 그러면 $32+32+16+8+1=89$(명)이다. 역시 100명보다 적은 값으로 11명이 부족하다.

마지막으로 공식을 사용하여

$$\frac{32 \times 33 - 24 \times 11}{33 - 11} = 36 \text{ (명)}$$

반 학생 수는 36명임을 알 수 있다. 검산으로 확인해 보자. $36+36+18+9+1=100$(명)으로 정확하다. 그런데 이 공식은 어디서 갑자기 튀어나온 걸까? 함께 살펴보자.

일차방정식 $px-q=0$이라고 하고 $x=a_1$일 때 방정식의 값을

b_1이라고 하자. 그리고 $x=a_2$일 때, 방정식의 값을 b_2라고 하면

$$\begin{cases} pa_1 - q = b_1 & (1) \\ pa_2 - q = b_2 & (2) \end{cases}$$

(1)식에서 (2)식을 빼면

$$p(a_1 - a_2) = b_1 - b_2$$

$$p = \frac{b_1 - b_2}{a_1 - a_2} \quad (a_1 \neq a_2) \qquad (3)$$

(1)×a_2-(2)×a_1으로 계산하면

$$-q(a_2 - a_1) = a_2b_1 - a_1b_2$$

$$q = \frac{a_2b_1 - a_1b_2}{a_1 - a_2} \qquad (4)$$

따라서

$$x = \frac{q}{p} = \frac{a_2b_1 - a_1b_2}{b_1 - b_2} \qquad (5)$$

원래 문제는 다음과 같이 변형해서 생각할 수 있다.

$$x + x + \frac{1}{2}x + \frac{1}{4}x + 1 - 100 = 0$$

첫 번째로 가정한 수와 100과의 차이를 각각 $a_1=24$, $b_1=-33$, 두 번째로 가정한 수와 100과의 차이를 $a_2=32$, $b_2=-11$으로 쓰고 공식에 대입하면

$$x = \frac{32\times(-33)-24\times(-11)}{(-33)-(-11)}$$

이므로 즉,

$$x = \frac{32\times33-24\times11}{33-11}=36$$

여러분은 또 다른 두 수를 이용해서 36의 결과를 얻을 수 있다. 위에서 두 수 24와 32를 가정하였을 때 모두 100보다 조금 작은 결과를 얻었다. 즉, 100에 부족한 결과이다. 독자들이 가정하는 숫자가 모두 36보다 큰 결과를 가져왔다면 100을 넘는 값, 즉, 초과하여 남는 값의 결과가 생긴다. 또한 하나가 36보다 작으면 '부족', 다른 하나가 36보다 크면 '남는' 결과를 얻으므로 이 방법을 '영부족술'이라고 부른다. 영부족술은 현대의 선형방정식의 대입법의 원리이다.

간단히 설명하면, 일차방정식을 $px-q=0$이라고 하자. 좌변은 함수 $y=px-q$로 두고 $x=a_1$을 대입하면 $y=b_1$을 얻고 $x=a_2$를 대입하여 $y=b_2$를 얻는다. 이는 미정계수법으로 이런 식으로 계산하여 (3), (4)를 얻는다. 따라서 방정식 (5)를 얻는다.

만약 일차함수가 아닌 경우라고 하더라도 $x=a_1$을 대입하면

$y=b_1$, $x=a_2$를 대입하면 $y=b_2$를 얻으므로 함수그래프 위의 두 점 $P(a_1, b_1)$, $Q(a_2, b_2)$를 찍을 수 있다. 그러면 우리는 어떤 순간에 곡선을 직선 PQ로 근사시킬 수 있다.

이런 방법으로, 함수에서 (a_1, a_2)구간 안에서 임의의 점 a_3의 함숫값을 구할 수 있고 a_3를 대입하여 직선 PQ의 일차함수식을 근사할 수 있다. 이것이 바로 선형 보간법Linear Interpolation으로 원리는 직선으로 곡선을 보는 것이다.

동분서주하는 개

"갑, 을 두 사람이 동시에 같은 방향으로 걷고 있을 때, 두 사람 사이의 거리는 0.5㎞로 을이 갑보다 앞에 있다. 갑은 시간당 4㎞, 을은 시간당 3㎞의 속도로 움직이며 갑은 개 한 마리를 데리고 출발하였다. 이 개는 정신없이 두 사람 사이를 오고 간다. 이 개가 시간당 10㎞를 뛰고 갑이 을의 뒤를 쫓고 있을 때, 이 개가 움직인 총 거리는 몇 ㎞인가?"

위의 문제는 중국의 유명한 수학자 쑤부칭이 청년시절 해결했던 문제로 알려져 있다. 이 문제를 몇 개의 계산과정으로 쪼개어본다. 예를 들어, 우선 개가 을을 쫓는 시간과 거리, 다시 개가 방향을 바꾸어 갑과 만나는 시간과 거리, 다시 을을 쫓는 시간과 거리…로 볼 수 있지만 매우 번거롭다. 그러므로 문제를 전체적으로 보고 해를 구하는 것이 좀 더 간편할 것 같다.

첫 번째 해법 :

갑이 을을 쫓는 시간은 $0.5\div(4-3)=0.5$(시간)으로 이는 개가 방향을 바꾸어 가는 시간도 0.5(시간)임을 설명한다. 따라서 개가 뛴 총 거리는 $10\times0.5=5$(㎞)이다.

두 번째 해법 :

개가 뛴 총 거리를 x(㎞)라고 하면, 개가 뛴 시간은 $\frac{x}{10}$시간으로 갑이 을을 쫓는 시간은

$$\frac{x}{10} = \frac{0.5}{4-3}$$

이다. 따라서 $x=5$(㎞)을 얻는다.

우리는 가끔 문제를 해결할 때 구체적인 문제에 집중하여 해결을 더 복잡하게 만들어버린다. 사실 우리가 해결하고자 하는 문제는 전체적인 관점에서 볼 때 답을 찾을 수 있고 더 간단한 문제가 되기도 한다.

타르탈리아와 카르다노

일차방정식, 이차방정식의 해법은 이미 잘 알려져 있다. 그러나 삼차방정식, 사차방정식은 어떻게 풀 수 있을까?

이탈리아의 브레시아Brescia라는 도시에 니콜로라는 남자아이가 있었다. 니콜로가 여섯 살이 되던 해에 마을은 침략을 받아 아버지는 사망하고 니콜로는 혀에 상처를 입게 되었다. 그의 어머니는 정성을 다해 치료했지만 그는 말을 더듬게 되었다. 그래서 사람들은 그의 이름보다 모두 그를 '타르탈리아(말더듬이)'라고 불렀다.

타르탈리아는 독학으로 공부해 이후 중학교 수학교사가 되었다. 당시 이탈리아의 지식인들 사이에서는 수학문제로 서로의 실력을 겨루었는데 타르탈리아는 수학자 피오르Fior와 수학경쟁을 벌였다. 이 수학경쟁의 방식은 두 사람이 각각 30개의 문제를 내고 서로 교환하여 50일 후에 해법을 발표하는 것으로 누가 더 많은 문제의 해법을 제시했느냐에 따라 승자가 결정된다. 당시 삼차방정식을 푸는 것이 많은 사람의 화두였으므로 타르탈리아는 상대가 반드시 삼차방정식 문제를 낼 것이라 생각했다. 따라서 그는 삼차방정식 분야를 철저히 연구했고 결과적으로 삼차방정식 풀이에 중요한 성과를 얻게 된다.

1535년 2월 22일 경쟁의 날이 되었다. 두 사람은 각자 30문제를 가져왔고 공정한 방법으로 서로 문제를 교환하였다. 타르탈리아는 2시간 만에 피오르가 제시한 30개의 문제를 다 풀었다. 피오르가 낸 문제는 모두 $x^3+px+q=0$ 형식의 비교적 간단한 삼차방정식이었다. 한편, 피오르는 50일 동안 타르탈리아의 문제를 하나도 제대로 풀지 못했다. 타르탈리아가 낸 문제 역시 삼차방정식이었지만 $x^3+px^2+q=0$의 더 복잡한 형태였고 피오르는 연구한 적이 없던 문제였다.

결과는 30:0, 타르탈리아의 압승이었다. 이 소식은 이탈리아 수학계에 빠르게 퍼졌다. 들어본 적도 없던 인물이 이탈리아 전역을 떠들썩하게 했기 때문이다. 이후 타르탈리아는 자신이 해결한 모든 문제의 답안을 공개하였다. 하지만 해법은 알리지 않았다. 그는 삼차방정식을 완전히 해결한 후에 정식으로 그 결과를 세상에 알리고 싶었던 듯했다.

카르다노는 의사, 수학자이자 도박꾼이며 사람의 운명을 점치기도 하는 인물이었다. 수학자로서 카르다노는 확률론을 다루며 대수방면에 놀라운 업적을 세웠지만 인생 전체로 보면 평탄치 않은 삶을 살았다. 그는 예의도 염치도 모르는 무뢰한 같은 인물이어서, 들리는 바에 의하면 너무 화가 난 나머지 아들의 귀를 잘라버리는 만행을 저지르기도 했다.

한번은 로마교황이 본인의 운명을 점쳐 보라고 하자, 카르다노는 1576년 9월 21일에 자신의 운명이 끝날 것이라고 예언했다. 하지만 막상 그날이 다가왔을 때, 아무런 일이 일어나지 않자 자신이 예언한 날짜를 맞추기 위해 자살까지 감행한다.

카르다노는 타르탈리아에게 삼차방정식의 해법을 알려주기를 간청하기도 했다. 타르탈리아가 계속 거절하자 그는 타르탈리아가 거절하지 못하도록 끈질기게 구슬렸고 결국 타르탈리아는 비밀을 누설하지 않겠다는 조건하에, 자신의 연구 결과를 알려주었다. 하지만 얼마 지나지 않아 카르다노는 약조를 깨뜨리고 삼차방정식의 해법을 저서 《산술》에 기록했다. 이로써 삼차방정식의 근을 구하는 공식은 '카르다노 공식'으로 불리게 되었다.

알다시피 이것은 타르탈리아의 성과였고 이 일은 타르탈리아를 매우 분노케 했다. 그는 카르다노에게 결투를 신청했다. 당시 결투를 신청하면 상대는 죽음을 각오해야 할 상황이라도 응해야 했다. 그렇지 않으면 사람들로 하여금 비웃음을 사서 얼굴을 들고 다니지 못할 정도였다. 어쩔 수 없이 카르다노는 결투를 받아들였다. 하지만 결투 당일 카르다노는 견습생인 페라리를 보냈다. 이는 규칙을 위반한 것이었지만 타르탈리아는 페라리가

진다면 카르다노가 반드시 결투에 응하라는 요구를 하였고 카르다노는 수락하였다.

결과는 페라리가 1대 30으로 졌다. 이런 상황에서도 카르다노는 갖은 핑계를 대며 결투 장소에 나타나지 않았다. 타르탈리아는 끝끝내 묵묵부답인 카르다노로 인해 화병을 얻어 결국은 목숨을 잃고 말았다. 이것은 수학사의 억울한 사건 중 하나이다.

몇 년이 지난 후, 카르다노의 학생 페라리는 사차방정식의 근의 공식을 구한다. 이 공식은 '페라리 공식'이라고 불린다. 카르다노 공식과 페라리 공식은 매우 복잡하다. 실제로 삼차방정식, 사차방정식의 해를 구할 때 근사계산의 방법을 쓸 수 있다. 따라서 여기에서 그 식을 언급하지는 않겠다.

앞서 말한 것과 같이 비록 카르다노가 무뢰한이기는 하지만 그 역시 명석한 두뇌를 가진 수학자로서 수학사에 공헌한 바가 크다. 여기에서는 그가 이차방정식을 푸는 과정에서 그림을 어떻게 활용하였는지 설명하려고 한다.

예를 들어, 이차방정식 $x^2+6x=91$의 해를 구해 보자.

카르다노는 [그림 3-1]과 같은 그림을 그렸다.

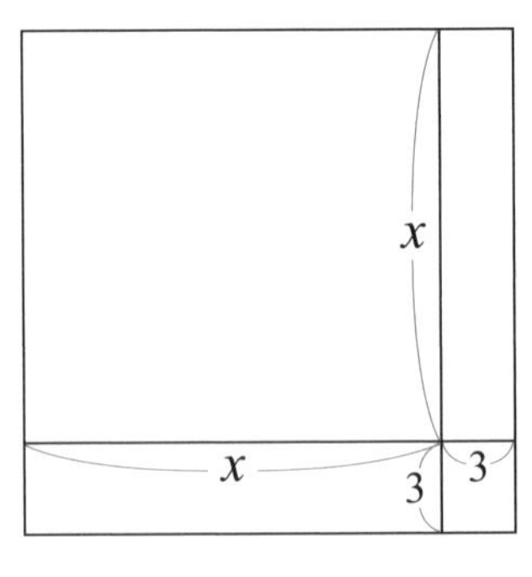

[그림 3-1]

그림과 같은 정사각형의 넓이는

$$(x+3)^2=x^2+2\times3x+9$$

문제에서

$$x^2+6x=91$$

이므로

$$(x+3)^2=91+9=100$$

따라서

$$x+3=10$$

$$x=7$$

당시 카르다노가 구한 답은 양수인 근으로 현재 우리는 -13도 방정식의 근임을 안다. 또한 카르다노의 이와 같은 방법은 오늘날의 계산법의 원조라고 할 수 있다.

늦게 도착한 초청장

1802년, 아벨은 노르웨이의 가난한 목사 집안에서 태어났다. 그는 13세에 장학금을 받고 공부를 하다가 스승인 홀름보에 Holmboe를 만나 수학을 사랑하게 되었다.

어느 날, 홀름보에는 아벨에게 타르탈리아와 카르다노에 관한 이야기를 들려준 후 이렇게 말했다.

"삼차방정식 및 사차방정식의 근을 구하는 공식이 발견된 이후 수학자들은 오차방정식의 근을 구하는 일반적인 공식을 구하기 위해 온갖 노력을 기울였단다. 찾고 또 찾고 200년을 넘게 찾았지만 아직도 그것을 찾지 못했지. 나는 오차방정식의 근의 공식을 찾고 싶구나."

스승의 말을 들은 뒤 아벨은 이 문제를 연구하기 시작하였다. 오래지 않아, 아벨은 오차방정식에 관한 논문을 한 편 써서 홀름보에 스승에게 건넸다. 하지만 홀름보에는 논문의 내용을 이해할 수 없어 다시 자신의 스승인 크리스토퍼 한스팅 교수에게 건넸다. 한스팅 교수 또한 자신의 연구영역이 아닌지라 논문의 내용을 이해하기 어려웠다. 그래서 그는 덴마크의 저명한 수학자 칼 페르디난드 더건에게 다시 넘기게 된다. 더건은 논문의 오류를 찾진 못했지만 아벨이 스스로 자신의 논문에 대해 정확성을 검증하기를 요구하였다. 아벨이 검증한 결과, 오류를 발견하게 되었고 논문을 회수했다.

수년이 지난 후, 아벨은 결국 사람들을 놀라게 할 결론을 얻는다. '일반적인 오차방정식(및 그 이상)의 근을 구하는 일반적인 근의 공식은 존재하지 않는다'라는 것이었다. 즉, 사칙연산과 거듭제곱의 표현으로 오차 이상의 방정식에 대한 일반적인 근의 공식은 없다는 것이다.

그러나 수학계는 아벨의 이론을 채택하지 않는다. 22세의 젊은 청년의 말을 곧이곧대로 믿을 수 없었던 것이다. 안타깝게도 아벨의 논문은 당대 수학자들도 제대로 이해하는 사람이 없었다. 대수학자 가우스조차도 그의 논문을 보고 "이건 또 무슨 끔찍한 물건인가!"라며 논문을 던져버렸다고 한다. 또 다른 대수학자 코시는 아벨의 논문을 잃어버리기까지 한다.

아벨은 평생 가난하게 살았는데 과외 아르바이트가 유일한 경제활동이었다. 결국 그는 폐결핵에 걸렸고, 1829년 4월 6일, 27세의 나이로 삶의 마침표를 찍는다. 아벨의 이론은 안타깝게도 정식적인 학위가 없다는 이유로 학계에서 줄곧 관심을 받지 못했다. 그리고 그가 세상을 떠난 이틀 후, 독일 베를린 대학의 초청장이 도착하였다. 이 얼마나 안타까운 일인가!

중국인의 나머지 정리

진용은 저명한 무협소설작가로서 고금의 일에 정통하며 수학에도 상당한 조예가 있는 것으로 알려져 있다. 그의 저서《사조영웅전》에는 '계산의 신'인 영구瑛姑와 황룽이 수학문제를 가지고 겨루는 이야기가 나온다. 황룽이 떠날 때 영구에게 이런 어려운 문제를 내는 장면이 나온다.

"어떤 수는 3으로 나누면 2가 남고, 5로 나누면 3이 남고, 7로 나누면 4가 남는다. 어떤 수는 얼마인가?"

이 문제는 정수론에서 '중국인의 나머지 정리'라고 불리며 세계적으로도 유명하다.

한판의 바둑 게임이 끝난 후 여러분은 이런 의문이 들 수 있다.

"바둑 위에 놓인 검은 돌은 몇 개인가?"

이때, 검은 돌을 3개씩 헤아리면 남는 것이 2개, 5개씩 헤아리면 남는 것이 3개, 7개씩 헤아리면 남은 것이 4개이다. 바둑판 위의 검은 돌의 개수를 세는 상황과 같다.

이 문제는 일찍이《손자산경孙子算经》에 소개된 문제이다. 손자산경은 중국 고대 수학책으로 알려져 있다.

이 문제는 '3으로 나누면 2가 남는 수'에서 '5로 나누어 3이 남는 수'를 찾고 다시 '3으로 나누면 2가 남고, 5로 나누면 3이 남는 수'에서 '7로 나누면 4가 남는 수'를 찾으면 된다.

옛날 사람들은 고심하여 이 문제를 해결하였는데 해법을 외우기 쉽게 어구로 표시하였다.

삼인동행칠십시
오촌매화감일지
칠자단원정반월
여백영오변득지

이것의 의미는 70에 '3으로 나누었을 때'의 나머지 2를 곱하고, 21에 '5로 나누었을 때'의 나머지 3을 곱하고, 15에 '7로 나누었을 때'의 나머지 4를 곱하여 이를 모두 더한다. 만약 결과가 105보다 크면 105를 뺀다. 만약 그 결과가 여전히 105보다 크면 다시 105를 뺀다. 그러면 우리는 답을 얻는다.

구체적인 식은

$$70\times2+21\times3+15\times4=263$$

$$263-105=158$$

$$158-105=53$$

여기서 70, 21, 15 각각에 나머지를 곱하는 이유를 보자.

70을 3으로 나눈 나머지는 1이고 5와 7로 나누어떨어진다. 21을 5로 나눈 나머지가 1이고 3과 7로 모두 나누어떨어진다. 15를 7로 나눈 나머지가 1이고 3과 5로 나누어떨어진다. 따라서 105는 3, 5, 7로 모두 나누어떨어진다.

따라서 어떤 수를 3으로 나눈 나머지가 1, 5로 나눈 나머지가 2, 7로 나눈 나머지가 6이면 그 수는

$$70 \times 1 + 21 \times 2 + 15 \times 6 = 202$$

$$202 - 105 = 97$$

이므로 그 수는 97이 된다.

'중국인의 나머지 정리'는 수학에서 다양한 분야에 응용되고 있으며 그 의미가 크다. 근대에 이르러 이는 컴퓨터 설계에 중요한 응용임이 발견되었다.

1970년, 22세의 구소련 수학자 마티야세비치Matiyasevich는 1900년 국제수학자대회에서 힐베르트가 제시한 23개 수학난제 중 일곱 번째 문제를 해결하였는데 이는 바로 중국인 나머지 정리를 이용하여 해결할 수 있었다.

펠 방정식

1066년 10월 14일, 유럽에서 헤이스팅스 전투가 일어났다. 이 전투로 앵글로 색슨족은 멸망했다. 앵글로 색슨족은 61개의 방진으로 노르만족에 대항하였다. 각 방진의 인원수는 모두 같았다. 이후, 앵글로 색슨의 국왕 해럴드는 직접 군대를 둘러보고 각 방진을 하나의 대형 방진으로 새롭게 구성하였다. 하지만 승패를 다투다, 결국 앵글로 색슨족들은 노르만족에 패하게 된다. 이 눈물겨운 이야기에는 수학이 숨어 있다.

만약 앵글로 색슨족이 원래 구성한 방진의 한 변에 x명이 있다고 하면 각 방진에는 x^2명이 있다. 총 61개의 방진이 있으므로 모두 $61x^2$명이다. 여기에 국왕까지 더하면 하나의 대형 방진에 있는 사람 수가 된다. 대형 방진의 한 변에 있는 사람 수를 y라고 하면

$$61x^2+1=y^2 \qquad (1)$$

또는

$$y^2-61x^2=1 \qquad (1')$$

이는 부정방정식으로 역사상 난제이다. 이런 종류의 방정식

을 '펠 방정식[Pell's equation]'이라고 하는데 이는 순전히 오해로 붙여진 이름이다. 실제 이 방정식의 일반해를 최초로 구한 사람은 브렁커[Bruncker]였지만 오일러가 브렁커와 펠을 착각하여 펠로 잘못 인용한 데서 비롯되었다. 이 방정식은 일찍이 해결되었지만 이후에도 잘못 불리곤 하였는데 이 모든 것을 일컬어 펠 방정식이라고 부른다.

사실 이 문제는 아르키메데스 시대에 제기되었다. 약 서기 650년 전후에 고대 인도수학자 브라마굽타[Brahmagupta](598~668)는 일 년 안에 $x^2-92y^2=1$의 해를 찾는다면 수학자라 할 만하다고 하였다. 사실 $x^2-92y^2=1$은 그 정도로 어려운 것은 아니다. 방정식의 해도 그다지 크지 않은 값으로 $x=1151$, $y=120$이다. 이는 당시 수학 수준이 그렇게 높지 않았음을 반증하는 것이지만 펠 방정식이 일찍이 중요한 것으로 받아들여졌음을 말해 주기도 한다.

방정식은 우려했던 것처럼 그렇게 어렵지 않다. 게다가 해법 역시 천차만별이다. 방정식 (1)의 해를 구하면 다음과 같다.

$$x=226153980$$

$$y=1766319049$$

앵글로 색슨족의 군대는 방진의 한 변에 17억 명이 넘는 인원이 배치되어 있는 것이다. 이것의 제곱수는 정확하진 않지만 엄청나게 큰 수임은 분명하다. 이것을 어떻게 해석할까, 이야기는 이야기일 뿐이다.

펠 방정식이 이렇게 명성이 자자하니 후대 사람들은 페르마를 귀찮게 하였다. 당시 수학자들은 자주 대결을 하였다. 프랑스인 페르마는 영국인 존 와리스와 브렁커에게 결투를 신청하였다. 당시 페르마의 형제 플라니크는 이미 일반적인 해법을 알아낸 상태였다.

$$x^2 - Dy^2 = 1 \qquad (2)$$

자세히 살펴보면 $D \leqslant 150$일 때, 방정식 (2)의 최소해는 이미 구해졌다. 페르마는 상대가 $151 \leqslant D \leqslant 200$일 때 해 또는 $D=151$과 $D=313$일 때의 해를 구하기를 원했다.

그 결과, 와리스는 페르마를 향해 기세등등하게 해를 구했고 아름답게 반박하였다. 와리스가 구한 $x^2-151y^2=1$의 해는 다음과 같다.

$$x = 1728148040$$

$$y = 140634693$$

브렁커도 $x^2-313y^2=1$의 해를 구했다.

또한 브렁커는 '한 두 시간 만에 이 문제를 풀었다'며 자신만만한 모습을 보였다.

1817년, 칼 페르난디 더건은 《펠 방정식 사전》에서 $D \leqslant 1000$에서 펠 방정식의 해를 확인하였다. 이후 《펠 방정식》에서 $1501 \leqslant D \leqslant 2012$일 때, 펠 방정식의 해를 제시하였다. 오일러, 라그랑주 등과 같은 대수학자도 펠 방정식을 연구하였다.

오늘날, 펠 방정식의 계산법은 이미 알려져 있다. 이론적으로 컴퓨터를 이용하여 펠 방정식의 모든 해를 구할 수 있다. 하지만 수를 다룰 때 컴퓨터의 용량과 글자 수는 유한하므로 사람들은 모든 해를 구하는 데 시간을 소모하려 하지 않는다.

세상은 늘 옛것을 현대화하려고 한다. 수학연구도 마찬가지다. 1900년, 수학자 힐베르트는 국제수학자대회에서 23개의 문제를 제기하였는데 10번째 문제 즉, 부정방정식의 해를 구할 수 있는 것으로 미국 수학자 로빈슨은 펠 방정식의 연구 성과를 이용하여 해결하였다. 결국, 10번째 문제는 마티야세비치에 의해 해결되었다.

아르키메데스의 소 나누기 문제

아르키메데스가 제기한 '소 나누기 문제'가 있다. 기록에 따르면, 아르키메데스는 이 문제를 그의 친한 친구인 천문학자 에라토스테네스에게 보냈다.

태양신이 한 무리의 소를 키우고 있다. 그중에는 흰 소, 검은 소, 얼룩 소, 갈색 소 등 4가지 종류가 있다.

황소 중에는

흰 소가 검은 소의 $\left(\frac{1}{2}+\frac{1}{3}\right)$에 갈색 소를 더한 만큼 많다.

검은 소는 얼룩 소의 $\left(\frac{1}{4}+\frac{1}{5}\right)$에 갈색 소를 더한 만큼 많다.

얼룩 소는 흰 소의 $\left(\frac{1}{6}+\frac{1}{7}\right)$에 갈색 소를 더한 만큼 많다.

암소 중에는

흰 소의 수는 모든 검은 소의 $\left(\frac{1}{3}+\frac{1}{4}\right)$이고,

검은 소의 수는 모든 얼룩 소의 $\left(\frac{1}{4}+\frac{1}{5}\right)$이고,

얼룩 소의 수는 모든 갈색 소의 $\left(\frac{1}{5}+\frac{1}{6}\right)$이고,

갈색 소의 수는 모든 흰 소의 $\left(\frac{1}{6}+\frac{1}{7}\right)$이다.

질문 : 이 한 무리의 소에서 각 종류의 소는 각각 몇 마리일까?

수학문제로 바꾸면 그렇게 어려운 문제는 아닌 것을 알 수 있다. 우리는 흰 소, 검은 소, 얼룩 소, 갈색 소의 황소 수를 알파벳 대문자 X, Y, T, Z로 표시하고 각각의 암소 수를 알파벳 소문자 x, y, t, z로 표시한다.

$$X=\left(\frac{1}{2}+\frac{1}{3}\right)Y+Z$$

$$Y=\left(\frac{1}{4}+\frac{1}{5}\right)T+Z$$

$$T=\left(\frac{1}{6}+\frac{1}{7}\right)X+Z$$

$$x=\left(\frac{1}{3}+\frac{1}{4}\right)(Y+y)$$

$$y=\left(\frac{1}{4}+\frac{1}{5}\right)(T+t)$$

$$t=\left(\frac{1}{5}+\frac{1}{6}\right)(Z+z)$$

$$z=\left(\frac{1}{6}+\frac{1}{7}\right)(X+x)$$

8개의 미지수를 이용하여 7개의 방정식을 세우면 이는 부정방정식으로 다음과 같다.

$$X=10366482n$$

$$Y=7460514n$$

$$T=7358060n$$

$$Z=4149387n$$

$$x=7206360n$$

$$y=4893246n$$

$$t=3515820n$$

$$z=5439213n$$

$n=1$이면, 이 방정식의 최소인 해를 구할 수 있다.

1773년, 학자인 레싱은 고대 그리스의 수사본을 한 권 발견한 후 면밀히 연구한 결과, 귀중한 문물이라고 여겼다. 기록된 내용은 고대 그리스의 위대한 수학자가 '소 나누기 문제'를 제기한 것이다. 이 문헌은 오랫동안 전해져 내려왔는데 원본을 본 사람은 아무도 없었다. 따라서 이 문헌은 고대 세계와 수학역사를 연구하는 사람을 흥분시켰다. 이 수사본에는 '소 나누기 문제'가 시의 형식으로 표현되어 있다.

"친구여, 태양신의 소가 몇 마리인지 정확하게 확인해 보게. 종류마다 몇 마리인지 자세하게 말일세.

만약 당신이 좀 똑똑하다면 풀을 뜯고 있는 소가 몇 마리인지 헤아릴 수 있을까?

소는 네 종류로 구분되고 여기저기 거닐고 있다.

……

검은 황소와 흰 황소가 함께 하나의 방진형으로 가로, 세로로 줄지어 있다면 드넓은 초원이 많은 황소로 가득할 것이다.

갈색 황소와 얼룩 황소가 함께 삼각형 대형으로 줄지어 있고 한 마리의 황소가 삼각형의 꼭짓점의 위치에 있으면 갈색 황소 중에 낙오된 소는 없다.

얼룩 황소도 초원에서 풀을 뜯고 있다.

여기에는 선두에 선 소와 색이 다른 소는 없다.

…….”

우리는 아름다운 시 구절에서 원래의 '소 나누기 문제'에 두 가지 조건을 더할 수 있다.

1. 검은 황소와 흰 황소의 총 수는 제곱수이다.

2. 얼룩 황소와 갈색 황소의 총 수는 삼각수로서 $\frac{1}{2}n(n+1)$의

수와 같다.

이렇게 보면, 방금의 결과와 두 가지 더해진 조건을 연립한 것으로 다음과 같은 펠 방정식을 얻을 수 있다.

$$x^2-4729494y^2=1$$

이 방정식의 최소해는 45자리수와 41자리수로 구성된다. 이 조합에 해당되는 각각의 소의 수 또한 매우 큰 값임을 알 수 있다. 이탈리아의 시칠리아 면적은 2.57만 평방킬로미터를 넘지 않는다. 시칠리아에 이렇게 많은 소를 놓아두기 힘들다. 따라서 후대 사람들은 이 소재가 아르키메데스가 제기한 것이라는 것에 의문을 가졌다.

완전제곱수와 삼각수라는 두 가지 추가된 조건 때문에 이 문제는 아주 곤란하게 되었다. 2000년이 넘는 기간 동안 진정한 발전이 없었다.

1880년, 어느 독일학자는 어려운 계산 과정을 통해 문제 조건에 부합되는 최소 수량은 206545자릿수('206545마리'가 아니다)이고 더 놀라운 것은 앞 세 자리 수는 776이라는 것이다.

1899년, 수학애호가 클럽의 멤버들이 연구한 결과, 이 수의 가장 오른쪽에서 12자리 수와 가장 왼쪽에서 28자리 숫자를 계산하였다. 아쉬운 것은 이후 이 숫자들이 모두 틀린 것으로 밝혀졌다는 것이다.

다시 60년이 지나 세 명의 캐나다인은 컴퓨터를 이용해 답을 구했지만 발표하지 않았다. 1981년에 이르러 미국 로렌스 리브모어 연구소Lawrence Livemore National Laboratory는 크레이 1호 슈퍼컴퓨터를 이용하여 이 문제의 최소해를 계산하였고 간행물 〈취미수학〉에 실었다. 자그마치 이 문제의 해는 47페이지에 걸쳐 쓰여 있었다. 이로써 206545자리의 큰 수는 세상 천하에 그 모습을 드러내게 되었다.

아르키메데스의 '소 나누기 문제' 자체는 특별해 보이지 않지만 이렇게 어렵고 난해하다. 그러나 컴퓨터라는 좋은 도구로 계산을 완성할 수 있었다. 수학은 종종 이런 모습을 보인다. 그러니 매우 추상적인 수학이론과 수학문제라고 외면하지 말기를 바란다.

오가공정

가장 오래된 부정방정식은 《구장산술》에 실린 '오가공정' 문제로 다음과 같다.

다섯 가구가 하나의 우물을 함께 사용한다. 우물의 깊이는 갑의 빨랫줄 두 개에 을의 빨랫줄 하나를 더한 것만큼 깊고, 을의 빨랫줄 세 개에 병의 빨랫줄 하나를 더한 것만큼 깊다. 또한 병의 빨랫줄 네 개에 정의 빨랫줄 하나를 더한 것만큼 깊다. 정의 빨랫줄 다섯 개에 무의 빨랫줄 하나를 더한 것만큼 깊고 무의 빨랫줄 여섯 개에 갑의 빨랫줄 하나를 더한 것만큼 깊다. 만약 각 가정에 모두 하나의 빨랫줄만큼 더하여 물의 깊이를 잰다면 우물의 깊이와 각 가정의 빨랫줄은 얼마나 될까?

위 문제에서 갑, 을, 병, 정, 무 가정의 빨랫줄 하나를 각각 x, y, z, u, v라고 하고 우물의 깊이를 w라고 하면

$$\begin{cases} 2x+y=w & (1) \\ 3y+z=w & (2) \\ 4z+u=w & (3) \\ 5u+v=w & (4) \\ 6v+x=w & (5) \end{cases}$$

$$(1)\times 3-(2):\ 6x-z=2w \qquad (6)$$

$$(6)\times 4+(3):\ 24x+u=9w \qquad (7)$$

$$(7)\times 5-(4):\ 120x-v=44w \qquad (8)$$

$$(8)\times 6+(5):\ 721x=265w \qquad (9)$$

$$\therefore\ x=\frac{265}{721}w$$

이 결과를 (1)에 대입하면

$$y=\frac{191}{721}w$$

이 결과를 (2)에 대입하면

$$z=\frac{148}{721}w$$

이 결과를 (3)에 대입하면

$$u=\frac{129}{721}w$$

이 결과를 (4)에 대입하면

$$v=\frac{76}{721}w$$

을 얻는다.

《구장산술》에서 제시하는 '오가공정'의 최소 정수해는 갑의 빨랫줄 길이 265, 을의 빨랫줄 길이 191, 병의 빨랫줄 길이 148, 정의 빨랫줄 길이 129, 무의 빨랫줄 길이 76 그리고 우물의 깊이는 721이다.

백계문제

중국 고대 민간에서 전해 내려오는 흥미로운 많은 수학문제가 있다. 백계문제는 그중 하나로 다음과 같다.

수탉은 한 마리당 5원, 암탉은 한 마리당 3원, 영계는 세 마리당 1원이다. 어떤 사람이 100원으로 100마리의 닭을 샀다면 수탉의 수, 암탉의 수, 영계의 수는 각각 몇 마리일까?

구입한 수탉의 수, 암탉의 수, 영계의 수를 각각 x, y, z라고 하자. 문제에 따라 다음과 같은 식을 세울 수 있다.

$$\begin{cases} x+y+z=100 & (1) \\ 5x+3y+\frac{1}{3}z=100 & (2) \end{cases}$$

이는 일차부정방정식이다.

(2)×3-(1) : $14x+8y=200$

각 변을 2로 나누면 : $7x+4y=100$ (3)

(3)에 $x=0$을 대입하면 $y=25$를 얻는다.

(3)에서 $4y$와 100은 4의 배수이고 7과 4는 서로소이다. 따라서 x는 4의 배수이다.

$$\begin{cases} x=4t & (t: \text{정수}) \\ y=25-7t \end{cases} \qquad (4)$$

에서 (4)를 (1)에 대입하면

$$4t + 25 - 7t + z = 100$$

$$\therefore z = 75 + 3t$$

$$\because x > 0, \quad \therefore 4t > 0, \quad t > 0$$

$$\because y > 0, \quad \therefore 25 - 7t > 0, \quad t < \frac{25}{7} < 4$$

$$\therefore t = 1, 2, 3$$

이 숫자를 표로 정리하면 다음과 같다.

t	1	2	3
x	4	8	12
y	18	11	4
z	78	81	84

[표 3-1]

따라서 (수탉 4마리, 암탉 18마리, 영계 78마리) 또는

(수탉 8마리, 암탉 11마리, 영계 81마리) 또는

(수탉 12마리, 암탉 4마리, 영계 84마리) 이다.

수재와 지혜 겨루기

1960년대, 중국 영화 〈유삼 언니〉는 노래도 잘하고 똑똑하여 무엇이든 보는 대로 노래하는 유삼 언니가 살던 시절을 다룬다. 지주는 농민을 잔혹하게 착취할 뿐만 아니라 농민들이 산가를 부르는 것도 허용하지 않는다. 하루는 지주가 세 명의 수재를 불러들여 유삼 언니와 겨루게 해 많은 사람들 앞에서 유삼 언니를 망신을 주려 했다.

대결이 시작되었고 1, 2위 수재는 곧 농민들의 웃음소리에 무너졌다. 3위 나수재가 등장하였다.

"개 300마리를 너에게 맡길 것이니 1초에 3이나 4무리로 나눠. 짝수 말고 홀수로 나눌 수 있어?"

유삼 언니는 듣자마자 어렵지 않게 그녀의 어린 자매에게 대답을 청했다. 어린 자매가 입을 열었다.

"아흔아홉 마리가 사냥하러 가고, 아흔아홉 마리가 양을 보러 오고, 아흔아홉 마리가 문을 지키고, 나머지 세 마리가 부자의 노복이 된다."

가사는 이 세 사람의 쇼맨십을 풍자한다. 지주의 개 세 마리는 노래 현장을 웃음 바다로 만들었다. 농민 자매는 의기양양했지만 지주와 세 명의 수재는 의기소침해서 도망칠 수밖에 없었다.

사실 세 번째 수재의 노래를 수학으로 표현하면 다음과 같다.

300마리의 개를 4무리로 나누면 각 무리의 수는 모두 홀수로 그중 한 무리의 개의 수가 가장 적고, 세 무리의 개의 수는 각각 같다. 어떻게 나눠야 할까? 유삼 언니의 자매는 여러 가지 시도를 하였고 마침 답이 나왔다. 사실 이 질문에 대한 답은 많다.

방정식으로 풀면 다음과 같다. 수가 많은 세 개의 무리에는 x마리의 개가 있고, 적은 무리에는 y마리의 개가 있다고 하면 방정식은 다음과 같다.

$$3x+y=300$$

여기서 윗 문장의 x와 윗 문장의 y는 0에서 100까지의 홀수이고 이것은 하나의 부정 방정식이다. 이 방정식을 풀기 위해 방정식의 양변을 3으로 나누면 $x=100-\frac{1}{3}y$이다.

x는 양의 홀수이므로 윗 문장의 y는 3의 배수이다. 따라서 $y=3t$라고 하자.

그러면 주어진 식은 다음과 같이 나타난다.

$$\begin{cases} x=100-t \\ y=3t \end{cases}$$

즉, t의 값에 따라 그에 상응하는 x와 y의 값을 계산할 수 있다. t는 $0 < t < 25$를 만족해야 하며 홀수이기 때문에 t는 1,3,5,⋯, 23이 될 수 있다. 위의 식에 대입하면 [표 3-2]와 같이 x와 y의 값을 얻을 수 있다.

t	1	3	5	7	9	11	13	15	17	19	21	23
x	3	9	15	21	27	33	39	45	51	57	63	69
y	99	97	95	93	91	89	87	85	83	81	79	77

[표 3-2]

표에서 첫 번째 조합이 바로 영화 〈유삼 언니〉 가사에 포함된 결과이다.

페르마의 대정리가 증명되다니!

게으른 페르마

1621년, 젊은 페르마는 고대 그리스 수학자가 쓴 《산술》 중 어느 한 페이지에 이런 글귀를 썼다.

"어떤 수의 세제곱수는 두 세제곱수의 합이 될 수 없다. 어떤 수의 네제곱수는 두 네제곱수의 합으로 나타낼 수 없다. 일반적으로, 제곱을 제외한 어떤 수의 n제곱은 두 수의 n제곱의 합으로 나타낼 수 없다. 나는 이 명제의 묘한 증명을 찾았지만, 여백이 너무 좁아 증명을 쓸 수 없다."

책 속의 여백에 메모를 한 페르마의 이 표현은 수학적으로 다음과 같이 쓸 수 있다.

"n이 2보다 큰 자연수일 때, 방정식 $x^n+y^n=z^n$은 양의 정수해를 가지지 않는다."

페르마가 이미 증명 방법을 찾았을지는 현재로서 알 길이 없지만, 혹 그가 해를 찾지 못했어도 책 한 모퉁이에 쓴 메모를 부정할 수는 없다. 어쩌면 증명 방법에 허점이 있었을 수도 있고 증명 방법은 찾았지만 게으름 때문에 제대로 쓰지 못했을지도 모른다. 사실대로라면 페르마의 증명이 공개되지 않고 검증이 되지 않은 것은 추측일 수 있지만 사람들은 이를 '페르마의 정리'로 불렀다. 그런데 페르마는 생각지도 못했겠지만 책 가장자리에 적은 몇 줄의 짧은 메모가 후대 수학자들이 고뇌하고 머리를 싸매게 했다.

10만 마르크의 현상금

18세기의 대수학자 오일러는 $n=3$, $n=4$인 경우 $x^n+y^n=z^n$은 양의 정수해를 가지지 않는다는 것을 증명했다. 이후 저명한 수학자 르장드르와 디리클레는 $n=5$일 때 방정식이 정수해를 가지지 않음을 증명한다. 라메는 $n=7$일 때도 이 방정식이 정수해가 없음을 증명했다. 쿠머는 1849년에 이르러 $2<n<10$인 상황을 단번에 해결했다. 이때가 이 문제가 제기된 지 이미 200여 년이 지난 시점으로 수학 역사에서 유명한 현안이 되었다.

이 문제를 빨리 해결하기 위해서 1850년 프랑스 과학원은 2000프랑을 포상금으로 내걸고 이를 증명할 수 있는 사람을 찾았다. 거액의 상금에 지원자들이 몰려들었지만 단 한 명도 상금을 받을 자격이 있는 사람이 나타나지 않았다. 1853년 프랑스 과학원은 다시 포상금을 내걸었지만 여전히 성과가 없었다.

20세기 초, 울프스켈이라는 이름의 한 독일 남자는 실연을 당한 후 자살을 결심한다. 어느 날 자정 무렵에 죽어야겠다고 생각하고 기다리고 있는데 무심코 한 편의 페르마 대정리의 논문과 관련된 문장을 읽게 된다. 수학 애호가인 울프스켈은 이 문장을 읽고 시간 가는 줄 모르고 골몰하다가 그만 자정을 훌쩍 넘겨버리고 말았다. 그는 아마도 하늘이 자신의 죽음을 원하지 않는 거라고 생각하며 스스로 죽겠다는 생각을 버렸다.

그가 세상을 떠나기 전, 그는 독일 괴팅겐 수학회에 '페르마 정리'를 증명한 사람에게 10만 마르크 포상금을 내걸었는데 상금은 2007년까지 100년간 유효했다. 이후 페르마 정리는 '10만 마르크 현상 정리'라고도 불렸다. 이 결정이 공포되고 수학회에서는 1000여 통의 서신을 받았다. 모두 자신이 이 정리를 증명했다는 내용이었다. 하지만 학회가 111가지 증명 방법을 심사해 보니 어느 것 하나 제대로 된 것이 없었다.

와일즈가 손을 대다

1960년대 중반에 이르러 $n=619$까지 정수해가 존재하지 않는다는 것이 확인됐다. 1976년에는 $n=100000$일 때의 증명이 해결되었다. 1978년 보도에 따르면, n이 125000보다 작을 때 이 명제가 성립되었다. n이 125000 이상의 어떤 소수일 때에도 이 결론이 증명되었으며, 가장 큰 소수는 n이 41000000 정도였다고 한다. 페르마 대정리를 연구하는 학자 중에서 당시 선두에 있었던 미국 하버드대의 젊은 교수 데이비드 맨포드는 1974년 국제수학자대회에서 필즈상을 수상하였다.

그 후, 일본의 타니야마 유타카와 시무라 고로는 타원 함수를 연구하면서 '타니야마-시무라 추측'을 제기했다. 어떤 이는 페르마의 정리가 '타니야마-시무라 추측'의 특수한 해라고 지적하기도 하였다. 즉, '타니야마-시무라 추측'만 입증하면 페르마정리도 해결된다는 것이다. 당시 사람들은 '타니야마-시무라 추측'을 증명하기란 여전히 요원한 일이라고 비관하고 있었다.

하지만 영국 수학자 앤드루 와일즈는 그렇게 비관적이지 않았다. 그는 꿋꿋이 그 길을 따라 걸어나갔다. 그는 페르마 정리의 증명과 직접적인 관련이 없는 모든 일을 포기하고 집 꼭대기 서재에 살면서, 완전히 비밀을 유지하였다. 300년 넘게 세상을 괴롭혀온 이 미스터리에 홀로 도전장을 내민 7년간의 노력 끝에 1993년 6월 23일 영국 뉴턴 수학과학연구소에서 20세기 가장 중요한 수학 강좌가 열렸다. 와일즈의 강연을 200명의 수학자가 경청했다. 그가 타니야마-시무라 추측을 증명했다는 소식이 전해졌기 때문이다. 이는 곧 페르마 정리를 증명하였다는 의미다.

하지만 그들 중 4분의 1만이 강의 내용을 다 알아들을 수 있었다. 그렇다면 나머지 사람들은 왜 그 자리를 채우고 있었을까? 그들은 역사적인 순간이 오기를 기대하는 사람들이었다. 와일즈가 발표를 끝냈을 때 박수가 터져 나왔다. 수많은 축하 전화와 이메일이 쏟아졌고, 신문에는 폭탄이 터졌다며 열변을 토했다. 피플지는 앤드루 와일즈를 영국 다이애나 왕세자비와 함께 '올해의 가장 매력적인 25인' 중 한 명으로 꼽았다.

그런데 안타깝게도 누군가가 와일즈의 300쪽짜리 논문에서 오류가 발견되었다는 소식을 전했다. 이 소식은 삽시간에 퍼져 이상한 말들이 난무하였다. 결국 와일즈는 허점을 보완해 논문을 수정했고 수학계에 의해 확인되었다. 이후 그는 울프스켈이 남긴 상금을 받을 수 있었다. 훗날 앤드루 와일즈는 울프상과 필즈 특별상을 받았는데 왜 필즈 특별상일까? 그것은 필즈상이 보통 40세 이하의 수학자에게만 주어지기 때문이다. 당시 불혹을 넘긴 와일즈는 세기의 큰 문제에 기여한 공로를 인정받아 특별상을 수상하게 되었다.

페르마 대정리의 증명은 이렇게 20세기 수학계의 가장 위대한 사건 중의 하나로 기억되었다. 300년이 넘는 시간 동안 얼마나 많은 우수한 수학자와 수학 애호가들이 일생의 정력을 바쳤던가? 유구한 과학의 역사 속에 이 한 걸음의 진보는 오랜 기간 지속된 수학자들의 각고한 노력이 만들어낸 결과이다.

재미있는 시소법

대수의 응용 문제 중 농도 문제는 골칫거리 중 하나이다. 여기서는 농도 걱정 없이 탈 수 있는 시소를 소개한다.

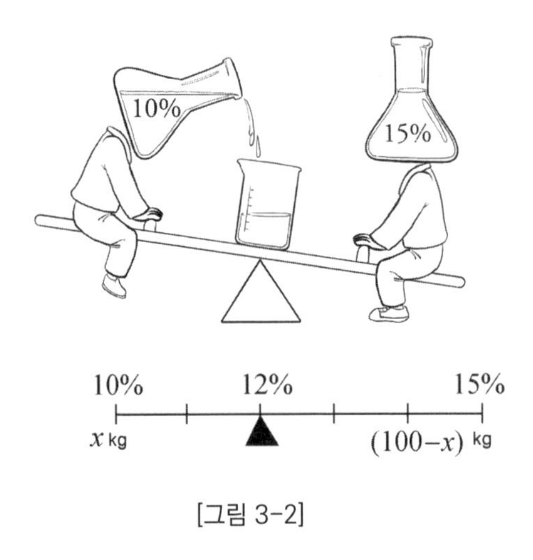

[그림 3-2]

두 종류의 농도가 10%, 15%인 암모니아를 각각 몇 킬로그램씩 취하면, 12%인 암모니아 100킬로그램을 제조할 수 있을까?

[그림 3-2]는 양쪽 끝에 각각 10%, 15%가 표시되어 있고, 가운데 12%가 시소의 지점으로 되어 있다.

첫 번째 암모니아수를 $x$kg으로, 두 번째 암모니아수는 $(100-x)$

kg으로 하고 x, (100-x)의 두 중량을 위 시소의 좌우에 각각 올려 놓아 평형인 시소를 만들 수 있다고 상상한다.

왼쪽 끝 지점에 가까울수록 더 무거워지고, 오른쪽 끝은 지점에서 멀어지므로 더 가벼워질 수 있다. 우리는 더해진 중량과 지점까지의 거리가 반비례한다는 것을 안다.

따라서

$$\frac{x}{100-x}=\frac{15\%-12\%}{12\%-10\%} \qquad (1)$$

즉,

$$2x=3(100-x) \qquad (2)$$

구하려는 해는

$$x=60(\text{kg})$$

이 과정이 익숙해지면 그림을 그리기만 하면 식(1)에서 (2)를 얻을 수 있다. 식(2)의 좌변의 2는 왼쪽 끝점에서 거리(2칸)을 나타낸다. 우변의 3은 오른쪽 끝점으로부터 거리(3칸)을 나타낸다. 이런 예에서 12%, 15%, 10% 등 골치 아픈 농도는 찾아볼 수 없을 정도로 단순하다.

위의 예제는 용액을 혼합하는 것이고 다음 예제는 용액을 희석하는 것이다.

400g에 16% 설탕물에 물을 타서 10%의 설탕물로 희석하는데 몇 그램의 물을 넣어야 할까?

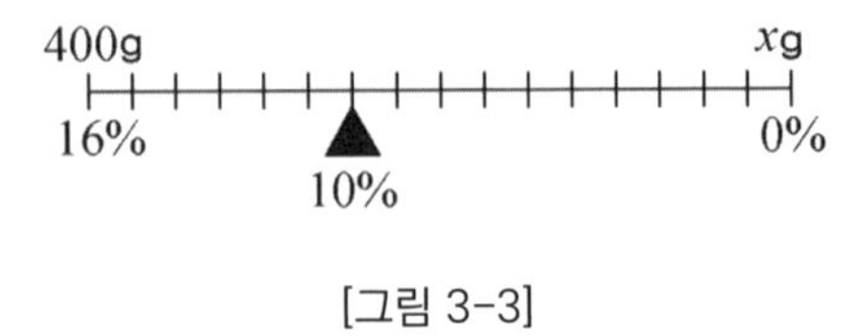

[그림 3-3]

시소 [그림 3-3]을 그리고 물 xg을 달고 왼쪽 끝점으로부터 거리가 6칸인 지점, 오른쪽 끝 지점으로부터 거리가 10칸에 두면 다음과 같은 방정식을 얻는다.

$$400 \times 6 = 10x$$

$$x = 240(\text{g})$$

위와 같이 가상의 시소로 골칫거리인 농도 문제를 쉽게 해결할 수 있다.

컴퓨터는 어떻게 방정식을 풀까?

컴퓨터는 어떻게 방정식을 풀까? 믿기 어렵겠지만 컴퓨터는 이차방정식의 근의 공식조차도 쓰기 싫어한다. 우리는 오차방정식과 그 이상의 방정식의 근을 구하는 일반적인 공식은 없다고 알고 있다. 단지 근사해만을 구할 수 있다.

삼차방정식과 사차방정식의 해를 구하는 공식은 있지만 좀 복잡하므로 근사해를 구하는 게 더 나을 수도 있다. 그러면 이차방정식의 근을 구하는 공식은 그렇게 복잡하진 않은데 왜 컴퓨터는 이를 꺼려하는 걸까? 컴퓨터는 어떻게 해를 구할까?

모든 도구에는 그 나름의 장점, 단점이 있다. 컴퓨터의 장점은 연산 속도가 빠르기 때문에 방법이 고정되어 있을 때 반복적인 계산을 두려워하지 않는다.

이차방정식의 근의 공식은 필산에 적합하다. 컴퓨터는 다른 방법을 더 좋아한다. 여기에 우리는 컴퓨터 알고리즘을 소개한다.

예를 들어,

방정식 $x^2-4x+1=0$ (1)을 구해 보자.

$x=0$일 때, 방정식의 좌변 $= 1 > 0$

$x=1$일 때, 방정식의 좌변 = -2 < 0

이것으로 0과 1 사이에 어떤 수가 존재해서 방정식의 좌변이 0이 되는 순간이 있다. 즉, 0과 1 사이에 반드시 하나의 해가 존재한다.

식(1)을 변형하면 $x=\frac{1}{4}(x^2+1)$ (2)이다.

식(2)의 우변의 x가 0과 1 사이의 어떤 수 x_0라고 하면, 우변의 값이 계산된다. 등식의 좌변은 x이므로 대입된 결과로 나온 값은 새로운 값 x_1로 둔다. 근삿값 x_0으로 새로운 근삿값 x_1을 얻는 것이다. 같은 방법으로 계산해 나가면 좀 더 정확한 근삿값을 얻을 수 있다. 한 단계씩 반복하기 때문에 이 방법은 컴퓨터가 시행하기에 적합하다. 구체적인 값은 다음과 같다.

$x_0=0$라고 하면

$$x_1=\frac{1}{4}(0^2+1)=0.25000$$

$$x_2=\frac{1}{4}(0.25000^2+1)=0.26563$$

$$x_3=\frac{1}{4}(0.26563^2+1)=0.26764$$

$$x_4=0.26791$$

$$x_5=0.26794$$

$$x_6=0.26795$$

$$x_7=0.26795$$

x_6와 x_7은 소수점 아래 다섯 자리까지의 값에 차이가 없으므로 우리는 0.26795를 소수점 아래 다섯 자리까지 정확한 근사해로 볼 수 있다.

불량조건 방정식 ill-conditioned equation

진지하게 측정한 실험과제가 요구하는 양 중 하나가 다음과 같은 방정식을 충족해야 한다는 실험자가 있다.

$$x^2-4.8989x+6=0 \quad (1)$$

그는 이 결과를 팀장에게 넘겼고, 팀장은 이 방정식을 소백에게 다른 임무와 연결해 계산을 맡겼다. 소백은 이 방정식을 받아들고 이 과제의 정확도가 소수점 아래 네 자리까지 도달할 필요가 없다고 생각했다.

그래서 방정식을 $x^2-4.899x+6=0$ (2)으로 바꾸었다.

소백이 구한 방정식(2)의 해는 $x_1=2.4566$, $x_2=2.4424$이다.

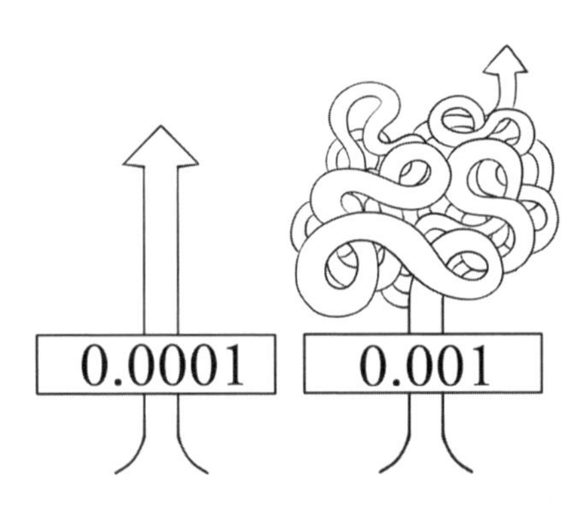

일정 기간이 지나자 과제팀이 임무를 완수하고 연구보고서가 나왔다. 하지만 과제 보고와 실태는 도무지 맞지 않았다. 과제팀은 기본적인 사고에서 출발하여 구체적인 세부 사항까지 하나하나 재점검하였다. 이 방정식을 체크했을 때 다들 크게 문제 삼지 않았다. 방정식(1)에서 방정식(2)까지 결과의 정확도에 차이가 있을 뿐 근본적인 변화는 없을 것이라 여겼다.

과제검사에서 큰 문제가 없어 잠시 멈출 수밖에 없었다. 무엇이 문제일까? 모두 백 번을 생각해도 이해할 수 없었다. 막다른 골목에 다다랐을 때 그들은 실낱같은 희망을 안고 계산수학 전문가를 초빙했다. 이 전문가는 과제의 계산 데이터를 모두 살펴보며 문제점을 지적했다. 문제는 소백의 약간의 소홀함에서 기인했다.

방정식 (1)과 (2)항의 계수 차이가 0.0001에 불과하지만 그것의 해는 큰 차이가 난다. 방정식 (1)은 실근을 가지지 않는다. 이를 설명하기 위해서는 방정식 (3)을 봐야 한다.

$$x^2-2\sqrt{6}x+6=0 \qquad (3)$$

방정식 (3)의 판별식 $\Delta=0$이므로 서로 같은 실근 2개를 가진다.

방정식 (1)의 일차항 계수는 $2\sqrt{6}$보다 작으며, 방정식(2)의 일차항 계수는 $2\sqrt{6}$보다 크다. 그 이유는

$$\sqrt{6}=2.449489743...$$

$$2\sqrt{6}=4.898979485...$$

$$4.8989 < 2\sqrt{6} < 4.899$$

세 방정식의 일차항 계수의 작은 차이 때문에, 방정식(1)의 판별식은 0보다 작고, 방정식(2)의 판별식은 0보다 크다. 그래서 방정식(1)은 실수해가 없고 다음과 같은 두 허근을 가진다.

$$x_1'=2.4495+0.01395i,\ x_2'=2.4495-0.01395i$$

드디어 문제의 실마리가 드러났다. 일반적으로 방정식의 계수에 약간의 변화를 주어도 근의 변화는 매우 미미할 수 있다. 예를 들면, 방정식 $x^2-3x+2=0$ (4)의 근은 1과 2이다. (4)의 상수항과 약간의 차이가 나는 방정식 $x^2-3x+2.001=0$의 근은 $x_1 \fallingdotseq 1.998998995$, $x_2 \fallingdotseq 1.001001002$이다.

만약 하나의 방정식의 계수에 작은 변화를 주어 해에 큰 변화가 생긴다면, 이를 불량조건 방정식이라고 하며, 방정식(1)은 불량조건 방정식이다.

예를 들면, 방정식 $(x-1)(x-2)(x-3)(x-4)\cdots(x-20)=0$ (5)의 해는 분명히 1, 2, 3, 4, …, 20으로 20개의 자연수이다. 식을 전개하면 다음과 같다.

$$x^{20} - 210x^{19} + 20615x^{18} - \cdots + 20! = 0 \qquad (6)$$

두 번째 항의 계수 -210을 -210.000000119로 바꾸고 다른 항의 계수는 그대로 두면 방정식의 해는 어떻게 변할까? 흥미로운 것은 조금 변형한 방정식과 원래 방정식의 앞 7개의 근은 큰 차이가 없지만 10번째부터 19번째 근은 모두 허수가 된다. 따라서 방정식 (6)은 불량조건 방정식이다.

복잡한 계산이 필요할 때 몇몇 '계산 마니아'들은 벌떡 일어나 발 빠르게 움직였다.
엔리코 페르미는 계산기를 사용했고, 리차드 파인먼은 기계컴퓨터로,
폰 노이만은 늘 암산을 사용했다.
최종 결과는 어떨까? 폰 노이만이 항상 제일 먼저 계산해냈다.

4장

수열과 극한

수학 이야기

피타고라스의 삼각수

주산으로 덧셈을 연습할 때, 선생님은 항상 우리에게 '백을 계산하라'고 하셨다. 즉, 덧셈 문제를 하나 푸는 것이다.

$$1+2+3+4+\cdots+100=?$$

수학에서는 다음과 같은 것을 등차수열이라고 한다.

$$1, 2, 3, \cdots, 100 \quad (1)$$

$$1, 3, 5, 7, \cdots, 99, \cdots \quad (2)$$

$$5, 8, 11, 14, 17, 20, 23, 26, \cdots \quad (3)$$

'백을 계산하라'는 수학에서 등차수열 (1)의 합을 구하는 것이다. 주산 기법을 익히기 위해 '백을 계산한다'는 계산 기교를 따지지 않고 수열의 합을 구하는 방법을 반복한다. 사실 등차수열의 합을 구하는 공식이 있다.

$$\text{등차수열의 합} = \frac{1}{2}\times\text{항의 개수}\times(\text{첫째항}+\text{끝항})$$

이것을 수학식으로 표현하면 다음과 같다.

$$S_n = \frac{1}{2}n(a_1 + a_n)$$

이 식의 이치는 간단하다. 등차수열에서 이웃한 두 항의 차이가 모두 같다. 이 수열은 등차수열이기 때문에 이웃한 두 항의 차이가 모두 같다. 따라서

첫 번째 항 + 끝에서 첫 번째 항

= 두 번째 항 + 끝에서 두 번째 항

= 세 번째 항 + 끝에서 세 번째 항

……

수열 (3)을 예로 들어, 앞에서 8개의 항에 대해

첫 번째 항 + 끝에서 첫 번째 항 = 5+26=31

두 번째 항 + 끝에서 두 번째 항 = 8+23=31

세 번째 항 + 끝에서 세 번째 항 = 11+20=31

이와 같이 각각의 합은 모두 31로 같다. 따라서 각각의 평균 즉, $\frac{1}{2}$×(첫째항+끝항)에 항의 개수를 곱하면 각 항의 합이 된다.

독일의 위대한 수학자 가우스는 10세에 이런 방법으로 다음과 같이 1+2+3+4+⋯+100을 계산하였다.

$$1+2+3+\cdots+100 = \frac{1}{2}\times 100\times(1+100) = 5050$$

흥미로운 것은 고대 그리스의 수학자 피타고라스는 작은 돌멩이를 도형으로 늘어놓는 방법으로 수열 [그림 4-1]을 연구하는 것을 즐겼다.

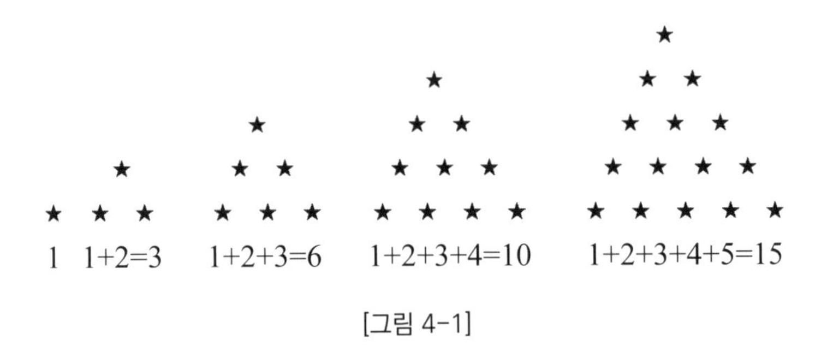

[그림 4-1]

[그림 4-1]에 따르면 1단계에는 1개의 돌멩이, 2단계에는 3개의 돌멩이, 3단계에는 6개의 돌멩이…100단계에 이르면 모든 돌멩이의 수는 수열(1)의 합이다. 피타고라스는 1, 3, 6, 10, 15… 이런 수를 '삼각수'라고 부른다. 100번째 삼각수는 당연히 5050이다.

n번째 삼각수는 얼마일까? n번째 삼각수의 그 자체는 일부항의 합이고, 끝항은 n이고, 항의 개수도 n이기 때문에 n번째 삼각수는 $\frac{1}{2}n(n+1)$이다.

작은 돌멩이로 쌓아 올린 도형으로 등차수열의 합을 구하는 공식은 다음과 같이 4단계의 삼각수를 예로 생각해 볼 수 있다.

[그림 4-2]

또 다른 4단계의 삼각수를 거꾸로 놓는다. 그러면 [그림 4-2]와 같이 평행사변형이 된다. 밑변은 끝항과 첫째항의 돌멩이 개수를 합한 것으로 [그림 4-2]에서는 밑변은 4+1이 된다. 모두 4단계(항의 개수)이므로 평행사변형에 채워진 돌멩이 개수는 $(4+1)\times4$이다.

삼각수는 평행사변형의 절반에 해당하므로 4단계의 삼각수는 $\frac{1}{2}\times4\times(4+1)$이다. 일반적으로 등차수열의 합을 구하는 공식은 $\frac{1}{2}\times$항의 개수$\times$(첫째항+끝항)이다.

삼각수 외에, 피타고라스는 1, 4, 9, 16, ⋯, 81, 100, ⋯ 이런 수를 '사각수'라고 하였다. 왜 그럴까? 다음의 [그림 4-3]을 보자.

[그림 4-3]

이 도형에 근거하여 피타고라스는 몇 가지 정리 또는 공식을 도출하였다.

1. 사각수는 [그림 4-4]에서 보듯 1부터 시작하는 연속하는 홀수의 합이다.

$$1+3+5+\cdots+(2n-1)=n^2$$

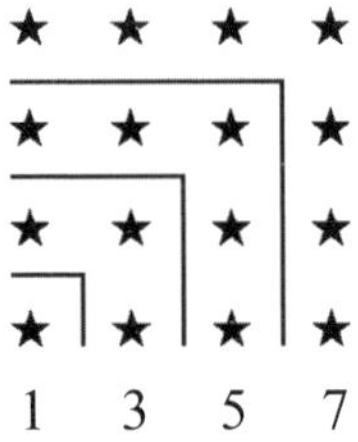

★ ★ ★ ★
★ ★ ★ ★
★ ★ ★ ★
★ ★ ★ ★
1 3 5 7

[그림 4-4]

구체적인 예를 들어보면, 4×4의 사각수를 '각자' 모양으로 분할하면,

$$1+3+5+7=4^2$$

임을 확인할 수 있다.

2. 사각수는 인접한 두 삼각수의 합이다.

예를 들어, [그림 4-5]와 같이 4×4의 사각수를 두 개의 삼각수로 분할하면, 이 사각수 즉, 제4단계의 사각수는 제4단계의 삼각수에 제3단계의 삼각수를 더한 것과 같다. 물론 n단계 사각수는 n단계 삼각수에 제$(n-1)$단계 삼각수를 더한 것과 같다.

$$n^2 = \frac{1}{2}n(n+1) + \frac{1}{2}(n-1)n$$

3단계
삼각수

4단계
삼각수

[그림 4-5]

피타고라스는 오각수를 두기도 했다. 예를 들어 [그림 4-6]과 같이 네 번째 오각수는 세 개의 삼각수와 한 개의 직선으로 분할할 수 있다. 따라서 n번째 오각수는 3개의 $(n-1)$번째 삼각수에 n을 더한 것과 같다.

$$\frac{3}{2}(n-1)n + n$$

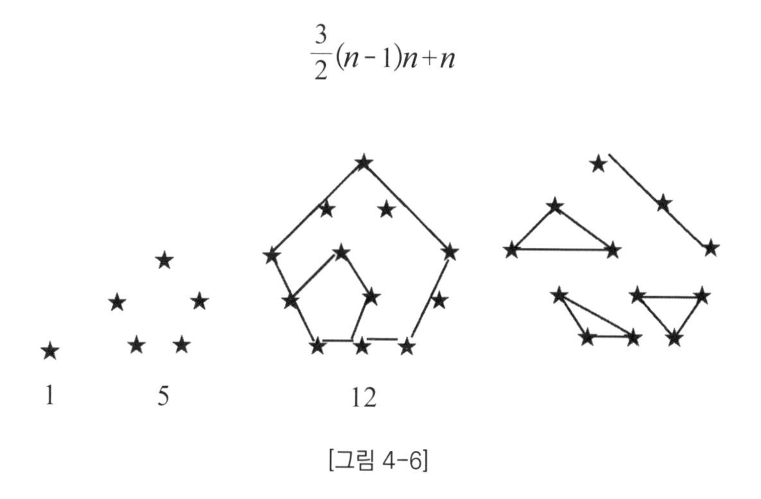

[그림 4-6]

이와 같이 돌멩이를 배치하여 도형에서 대수 공식을 도출할 수 있는데 이 방법은 확실히 흥미롭다. 이것이 피타고라스의 연구 특징이다.

작은 이야기 하나

모임에서 흥이 나면 노래나 춤, 퍼포먼스를 종용하기도 하는데 나는 그런 쪽에는 소질이 없어서 이런 상황을 만나면 수학 수수께끼 하나를 내고 얼버무리곤 한다. 한번은 내가 수학문제를 하나 냈더니 친구들이 딴청을 부렸다.

"빈 버스 한 대가 주차장에서 나가니 첫 정류장에서 승객 3명이 타고 두 번째 정류장에서 2명이 타고 1명이 내렸다. 세 번째 정류장에서 4명이 타고 2명이 내렸다."

모두 귀담아 들으면서 한편으로는 손가락으로 수를 세며 의견을 모았다. 나는 계속해서 말했다.

"다음 정거장에서 5명이 내리고 3명이 탔다. 다음 정거장에서 2명이 타고 3명이 탔다. 또 다음 정거장에서 1명이 내리고 5명이 탔다……."

모두들 자신만만해하며 내 질문을 기다렸다. 나는 갑자기 소리쳤다. 내가 입을 떼려고 할 때 적지 않은 친구들이 "버스의 승객이 총 몇 명일까?"라고 외쳤다.

나는 큰소리로 "이 차는 몇 번을 정차했을까?"라는 질문을 했다. 모두 어리둥절해하며 "너 정말 나빴어!"라고 소리를 질렀다.

여자 제곱술

지금은 전자계산기를 사용하지만 예전에는 주판으로 계산했다. 특히 가감연산에서는 주판 계산에 능한 사람의 계산 속도가 컴퓨터의 계산 속도보다 결코 느리지 않았다. 가감연산 외에 주판을 곱하기 연산에도 사용했다. 그렇다면 주판으로 제곱연산도 할 수 있을까?

사람들은 이미 다음과 같은 식을 발견하였다.

$$1+3=4=2^2$$

$$1+3+5=9=3^2$$

$$1+3+5+7=16=4^2$$

$$\cdots$$

$$1+3+5+\cdots+(2n-1)=n^2$$

즉, 1부터 시작하는 n개의 홀수의 합은 n^2이다. 이 성질을 이용하여 주판으로 제곱연산을 할 수 있다. $\sqrt{144}$를 예로 들면,

144에서 1, 3, 5, 7,…을 빼나갈 수 있다.

$$144-\underbrace{1-3-5-7-\cdots-23}_{12\text{개}}=0$$

얼마를 뺏는지를 신경 쓰지 말고 '몇 번을 뺏는지'를 생각해 보자. 그러면 12번을 뺀 것을 확인할 수 있다.

$$\underbrace{1+3+5+7+\cdots+23}_{12\text{개}}=12^2$$

즉, $\sqrt{144}=12$이다.

이 방법은 제곱 문제를 뺄셈으로 바꾸는데, 뺄셈은 주판에서 비교적 쉽게 실행할 수 있다.하지만 뺄셈을 할 때 '몇 번을 뺐느냐'보다 뺀 값과 크기에만 신경 쓰는 경우가 많은데, 바로 여기에 뺄셈 횟수 n을 집계해야 한다. 마치 내가 방금 제기한 수학 수수께끼처럼 말이다.

예를 들어, 우리는 1부터 시작하여 3을 빼고, 5를 빼고 이런 식으로 23빼서 0이 나오게 한다. 모두 몇 번이나 뺐을까? 내가 대학을 다니던 초기에는 아직 전자계산기가 없었다. 사람들이 사용하는 것은 일반식 계산기였는데 어떤 것은 수동식이고 어떤 것은 전동식이었다. 내가 사용하는 것은 일종의 수동식 계산기로 하나씩 빼다 보면 몇 번을 뺐는지 까먹기 일쑤였다.

다행히 또 다른 방법이 있다. 빼는 횟수를 계산할 수 있다.

n번째 홀수가 $2n-1$이므로

$$2n-1=23$$

$$n=(23+1)\div 2=12$$

같은 방법으로 빼는 수가 35라면 총 뺀 횟수는 다음과 같다.

$$(35+1)\div 2=18 \text{ (번)}$$

이렇게 주판알을 튕겨서 제곱 문제는 이론적으로 해결되었다. 제곱하는 수가 상대적으로 클 때는 1부터 시작하여 3, 5, ⋯를 차근히 빼는 절차가 너무 복잡하다. 이럴 때는 간단한 단계를 활용할 수 있다.

예를 들어 $\sqrt{529}$를 구하려면 일의 자리에서 왼쪽방향으로 두 자리씩 즉, 529를 5′29로 보는 식이다. 제곱근은 두 자릿수이고 십의 자리 수는 2이다.

따라서

$$400 < 529 < 900,\ 20 < \sqrt{529} < 30$$

이다. 주판에서 400을 뺀다.

$$\underbrace{1+3+5+\cdots+39}_{20\text{개}} = 400 = 20^2$$

이므로

$$529-\underbrace{1-3-5-\cdots-39}_{20\text{개}}=129$$

이다. 계속해서 빼려고 할 때 41부터 뺀다는 것에 주의한다.

$$129 - \underbrace{41 - 43 - 45}_{3\text{개}} = 0$$

즉,

$$529 - \underbrace{1 - 3 - \cdots - 45}_{23\text{개}} = 0$$

따라서

$$529 = \underbrace{1 + 3 + \cdots + 45}_{23\text{개}} = 23^2$$

$$\sqrt{529} = 23$$

여기에서는 단번에 몇 개의 수(합이 400이 되도록)를 뺀 후에 다음 빼는 수(41)를 확정하는 것이 관건이다. 이 문제도 어렵지 않게 해결할 수 있다. 그 이유는 $400=20^2$이므로 1부터 시작하여 20개의 홀수를 뺀 것이다. 즉, 1에서 시작하여 21번째 홀수는 $2\times21-1=41$이다.

이렇게 주판 또는 계산기로 제곱 문제를 쉽게 해결할 수 있다. 컴퓨터에서 제곱연산을 수행하는 여러 가지 프로그램이 있는데, 이러한 원리에 따라 설계된 것도 있다. 제곱술의 역사는 꽤 유구하여 이미 일본에서는 고대에 널리 알려졌었다. 고대 일본에서는 이 방법을 '여자 제곱술'이라고 불렀다.

장미 사건

나폴레옹이 거침없이 말하다

1984년 프랑스와 룩셈부르크 사이에 재미있는 채무 사건이 발생하였다.

1797년 나폴레옹은 부인을 데리고 룩셈부르크의 한 초등학교를 참관하면서 교장 선생님에게 장미꽃 한 다발을 선물했다. 축사에서 나폴레옹은 "프랑스가 하루라도 존재한다면 매년 오늘, 나는 양국 우정의 상징으로 장미꽃 한 다발을 보내겠다."라고 말했다. 그런데 나폴레옹의 이 약속은 지켜지지 않았다.

'대국'은 함부로 말할지언정 '소국'은 진심으로 받아들였다. 1984년에 룩셈부르크 정부는 프랑스 정부가 약속을 이행하지 않자 이에 대한 보상을 요구했다. 계산방법은 1798년부터 장미꽃 한 다발을 3프랑으로 매년 0.5%의 이자율로 계산했다. 채무는 138만 프랑에 이르렀다. 결국 프랑스 정부의 정중한 사과로 이 '장미 채무 사건'은 해결이 되었다.

프랭클린의 유언

미국 저명한 정치가이자 〈독립선언〉의 창시자인 프랭클린은 죽기 전 유언장을 작성하였다. 유언장에는 이런 대목이 있었다.

"1000파운드를 보스턴 시민들에게 증여한다. 이 돈을 받은 이들은 하나의 팀을 꾸려서 젊은 장인들에게 연이율 5%로 빌려주어야 한다.

100년 뒤엔 이 돈이 늘어 131,000파운드가 되면 100,000파운드를 공공건물을 짓는 데 사용하길 바란다. 그리고 나머지 31,000파운드는 계속 원래대로 사용한다.

또 100년이 지나 이 돈은 늘어 4,061,000파운드가 되면 그중의 1,061,000파운드는 여전히 보스턴 시민을 위해 쓰고 나머지 3,000,000파운드는 매사추세츠 주의 대중이 관리한다.

더 이후의 일은 감히 더 이상 주장할 수 없다……"

프랭클린은 1000파운드만 남겼다. 하지만 그는 수백만 파운드를 지휘, 관리하고 있다. 이것은 헛된 꿈일까? 답은 '아니다!'

복리

왜 처음에는 대수롭지 않게 여겼는데 나중에는 '큰 금액'이 되는 걸까? 바로 복리가 작용하기 때문이다. 처음 시작할 때의 돈을 원금이라고 한다. 이 돈을 남에게 빌려주거나, 아니면 은행에 예금해 두거나, 시간이 좀 지나면 그 후 더 많은 돈을 받을 수 있다. 늘어난 금액이 바로 이자다. 이자는 두 가지 계산방식이 있다. 한 가지는 단리이고, 다른 한 가지는 복리이다.

예를 들어 원금이 100원, 이자는 연 10%라고 가정하자.

만약 단리로 계산한다면, 1년 후의 돈은 다음과 같이 계산된다.

$$100+100\times10\%=110(\text{원})$$

2년 후에는

$$100+2\times100\times10\%=120(\text{원})$$

n년 후에는

$$100+n\times100\times10\%=100+n\times10(\text{원})$$

단리의 특징은 매년 금리가 고정되어 있다는 것이다. 이 예에서는 매년 이자가 10원이다.

만약 복리로 계산한다면, 1년 후의 돈은

$$100+100\times10\%=100\times(1+10\%)=110(\text{원})$$

2년 후에는 얼마가 될까? 110원이 원금이 되어 다음과 같이 계산된다.

$$110+110\times10\%=121(\text{원})$$

이 식을 다음과 같이 쓸 수도 있다.

$$110+110\times10\%=110\times(1+10\%)=100\times(1+10\%)^2$$

1년 후의 이자는 11원이다. 이는 처음 1년 후의 이자보다 1원이 많다.

3년 후에는

$$121 + 121 \times 10\% = 133.10(\text{원})$$

이 식 또한 다음과 같이 쓸 수 있다.

$$121 \times (1 + 10\%) = 100 \times (1 + 10\%)^3$$

이자도 또 늘었다.

n년 후에는 얼마가 될까? 어렵지 않게 다음과 같은 식을 쓸 수 있다.

$$100 \times (1 + 10\%)^n$$

단리법으로 계산하면 원금과 이자의 합은 등차수열로 나타난다. 위의 예를 통해 다음과 같은 등차수열을 얻는다.

$$100, 110, 120, 130\cdots$$

이 등차수열의 공차는 10이다.

복리법으로 계산하면 원금과 이율로 구성되는 등비수열이 된다. 위의 예를 통해 다음과 같이 쓸 수 있다.

$$100, 110, 121, 133.1, \cdots$$

이 등비수열의 공비는 110%이다.

등차수열은 산술수열이라고도 하는데, 증가 또는 감소되는 값은 일정하다. 등비수열은 기하수열이라고도 하며, 증가 또는 감소되는 값은 점점 커진다.

복리는 과거에 항상 '이자'의 잔혹함이 따르는 착취와 연결되었지만 어떤 경우에는 복리로 이자를 계산하는 것이 합리적이다. 중국의 은행은 과거에는 줄곧 단리로 이자를 계산하였으나, 시장경제가 확립되고 발전하면서 지금은 복리 원칙을 적용하는 분야도 있다.

마왕 고분의 수수께끼

1972년에서 1974년에 이르기까지 중국 고고학자들은 후난성 창사마왕루에서 고분 1기를 발굴하는 데 성공했고 무덤에서 대량의 문물과 문헌이 계속해서 출토되었다.

지금도 고고학자와 역사학자, 과학기술자들은 이들 유물과 문헌을 연구, 해독하고 있다. 당시 고고학자들의 첫 번째 질문은 바로 '신분검증'으로 과연 누구의 무덤이고 언제 묻혔는지였다. 이 수수께끼를 풀기 위해 고고학자와 역사학자들은 발굴된 유물과 문헌을 고증하고 과학자들은 탄소-14 방사성 동위원소의 변화를 여러 시각으로 보고 판단한다.

탄소는 14년마다 일정한 비율로 질소-14가 된다. 생체 내에는 모두 일정량의 탄소-14가 함유되어 있는데, 생물이 살아 있을 때 체내 탄소-14가 일정한 수치를 유지한다. 이는 생체가 스스로 탄소-14를 보충하기 때문이다. 생물이 죽으면 탄소-14가 점점 줄어들기 때문에 시신의 탄소-14의 함량만 측정해도 이 묘의 주인이 몇 년 전에 죽었는지 추정할 수 있다.

창사마왕루 고분 1기는 과학자의 측정과 계산으로는 2130년 전 시신으로, 역사학자들이 문화재와 문헌을 근거로 추산한 것으로는 2140년 전으로 밝혀져 불과 10년밖에 차이가 나지 않았다.

만약 매년 0.012%의 탄소-14가 질소-14로 바뀌면 탄소-14의 반감기가 얼마나 될까?

몇 년이 지나야 1g의 탄소-14가 반이 되는 걸까?

기존 1g의 탄소-14가 있다고 하자.

1년 후, 남은 것 $(1-0.012\%)$g

2년 후, 남은 것 $(1-0.012\%)^2$g

3년 후, 남은 것 $(1-0.012\%)^3$g

……

이로써 우리는 어렵지 않게 등비수열을 생각할 수 있다.

x년 후 1g의 탄소-14가 $\frac{1}{2}$g이 되므로 방정식은 다음과 같다.

$$(1-0.012\%)^x=\frac{1}{2}$$

이 지수방정식의 양변에 로그를 취하면

$$x\log(1-0.012\%)=\log\frac{1}{2}$$

$$x \fallingdotseq 5700\ (\text{년})$$

따라서 1g의 탄소-14는 5700년 정도가 지나야 $\frac{1}{2}$g으로 감소하므로 탄소-14의 반감기는 약 5700년이다.

이 수치에 근거하면, 고분의 시체 속에 들어 있는 탄소-14는 아직 절반 수준으로 떨어지지 않았다. 구체적으로는 당초 1g의 탄소-14의 현재 남은 양은 다음과 같다.

$$(1-0.012\%)^{2130} \fallingdotseq 0.77\ (g)$$

두 할머니

나이가 비슷한 할머니 두 분이 세상을 떠난 뒤 저승에서 이야기를 나누었다.

이 할머니 : 저축한 돈으로 집 한 채를 막 마련했는데 그만 죽어서 이곳으로 왔네요.

왕 할머니 : 저는 주택의 마지막 대출금을 갚자마자 이곳에 왔어요.

이 할머니 : 몇 년 전에 집을 샀어요?

왕 할머니 : 20년 전에요.

이 할머니 : 그럼 20년 동안 복을 누렸구만. 난 하루도 즐기지 못했는데….

이 이야기는 사람들의 소비 관념의 차이를 반영한 것으로 지어낸 이야기다. 시장경제의 발전은 결국 소비 관념의 변화를 야기한다. 최근 몇 년 동안 수입에 따라 지출하는 것에 익숙해진 사람들은 서서히 대출하여 분할 납부하는 것을 활용하고 있다.

우리는 경제학 관점의 논쟁을 떠나 수학적 관점에서 분할 지불 문제를 토론해 보고자 한다.

어떤 사람이 집을 사는데 집값이 120만 원이라고 하면 지불 방식은 두 가지다.

(1) 일시불로 5% 할인혜택을 받는다.

(2) 첫 해에 40만 원을 지불하고 나머지 돈은 9년에 나누어 갚는다. 매년 10만 원을 갚는다.

어떤 결제 방식이 더 이익일까?

이 문제는 간단하게 대답할 수 없고 이자 요인을 고려해야 한다.

지불 방식(2)의 지불 상황은 다음과 같다.

그해(2010년으로 가정) 40만 원을 지불한다.

1년 후(2011년), 10만 원을 지불한다.

2년 후(2012년), 10만 원을 지불한다.

⋮

9년 뒤(2019년), 10만 원을 지불한다.

이는 총금액이 130만 원으로 수지가 맞지 않는 것 같지만 그렇지 않다. 매년 10만 원씩 내지만 2011년에 낸 10만 원은 2019년에 이자가 발생하기 때문에 10만 원이 넘는다. 그래서 동일한 해에 맞춰야 한다.

예를 들어 2019년의 가치로 환산해 비교하자.

연이율 0.05%를 복리로 계산한다고 가정하면,

2010년의 40만 원은 2019년의 $40\times(1+0.05)^9$만 원에 해당한다.

2018년 10만 원은 2019년 $10\times(1+0.05)$만 원에 해당한다.

2017년 10만 원은 2019년 $10\times(1+0.05)^2$만 원에 해당한다.

⋮

2011년 10만 원은 2019년 $10\times(1+0.05)^8$만 원에 해당한다.

그래서 할부금 총액이 130만 원으로 보이지만 2019년으로 환산한 금액은

$$40\times(1+0.05)^9+10+10\times(1+0.05)+10\times(1+0.05)^2+\cdots+10\times(1+0.05)^8$$

뒤의 아홉 개의 항은 등비급수이므로

$$\begin{aligned}&10\times(1+1.05+1.05^2+\cdots+1.05^8)\\&=\frac{1.05^9-1}{1.05-1}\times10\\&\fallingdotseq 110.3\end{aligned}$$

초기 입금액 40만 원은 2019년에 40×1.05^9에 해당하는 약 62만 1000원이 된다.

두 값을 합하면 172만 4000원이니 지불방안(2)의 총금액은 2019년의 172만 4000원에 해당한다.

지불방안(1)은

$$120\times0.95\fallingdotseq 114\text{만 원}$$

이므로 2019년에는

$$114 \times 1.05^{9} \fallingdotseq 176.9\text{만 원}$$

에 해당하는 금액이 된다.

위에서 살펴본 바와 같이, 지불방안(1)은 114만 원이지만 실제로는 더 많은 금액을 지불한 것과 같다.

파스칼 삼각형

두 수의 합의 제곱 공식은

$$(a+b)^2=a^2+2ab+b^2$$

두 수의 합의 세제곱 공식은

$$(a+b)^3=a^3+3a^2b+3ab^2+b^3$$

계속해서 확장하면

$$(a+b)^4=a^4+4a^3b+6a^2b^2+4ab^3+b^4$$

$$(a+b)^5=a^5+5a^4b+10a^3b^2+10a^2b^3+5ab^4+b^5$$

$$(a+b)^6=a^6+6a^5b+15a^4b^2+20a^3b^3+15a^2b^4+6ab^5+b^6$$

조금 더 관찰하면, 지수 변화의 법칙을 알 수 있다. a의 개수는 점점 하나씩 작아지고 b의 개수는 하나씩 커진다. 그러면 각 항의 계수는 어떤 규칙을 가질까?

만약 이런 공식에 앞서 다음의 식을 보충하면

$$(a+b)^0=1$$

$$(a+b)^1=a+b$$

식에서 나타나는 계수는 [그림4-7]과 같이 하나의 삼각형으로 배열된다.

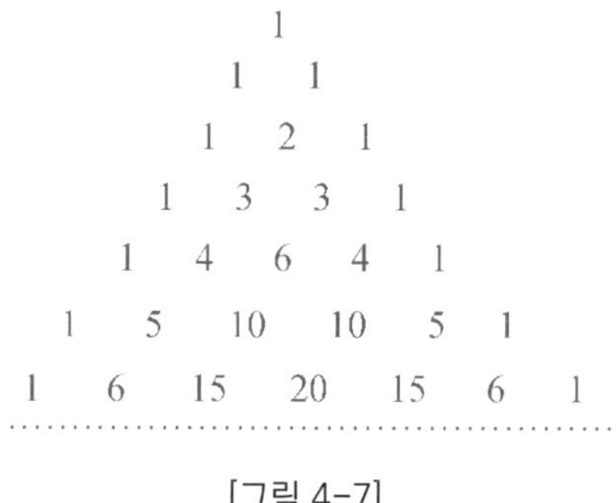

[그림 4-7]

조금만 자세히 보아도 그림에 나타난 각 수들은 바로 위의 두 수를 더한 결과임을 알 수 있다. 이 그림을 이용하여 우리는 간편하게 $(a+b)^n$를 전개한 다항식을 구할 수 있다.

중국에서 이 그림을 '양휘삼각형'이라고 하는데, 송나라의 수학자 양휘가 저서에서 이 그림을 언급하고 있다. 그에 따르면 이전 가헌이 이미 이런 그림을 표현했다고 한다. 흔히 이 그림은 '파스칼 삼각형'이라고 부른다.

파스칼 삼각형에는 흥미로운 특징이 있다. 각 행의 숫자를 더하면, 첫 번째 줄부터 순서대로 그 합은 1, 2, 4, 8, 16, 32, … 으로 즉, 2^0, 2^1, 2^2, …, 2^n이다.

또한 각 행의 숫자를 합쳐 하나로 숫자로 표기하면 예를 들면, 첫 번째 줄에 1, 두 번째 줄 11, 세 번째 줄은 121, 네 번째 줄은 1331, 다섯 번째 줄은 14641이다.

이것들 각각 11^0, 11^1, 11^2, 11^3, 11^4이다. 하지만 여섯 번째 줄부터는 이 특성이 유지되지 않는다.

다음은 파스칼 삼각형을 [그림 4-8]처럼 다시 표현한 것이다.

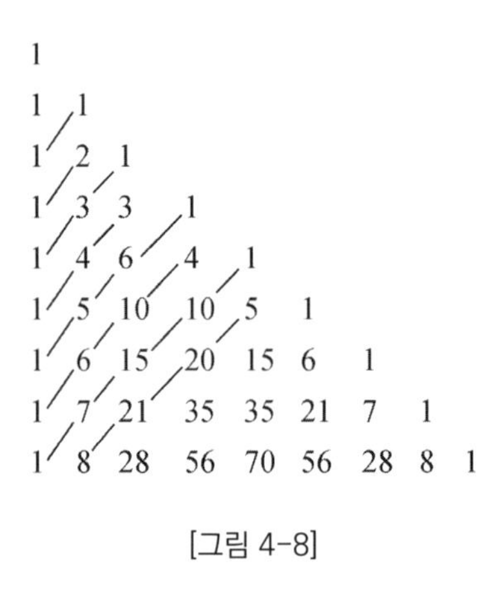

[그림 4-8]

세로로 보면 첫 번째 열은 모두 1이다. 2열은 1, 2, 3, 4,… 즉, 자연수 수열이고, 세 번째 열은 '삼각수'이다. 이것은 고대 그리스 학자 피타고라스의 표현법을 나타내며 [그림 4-9]에서 그 이유를 알 수 있다.

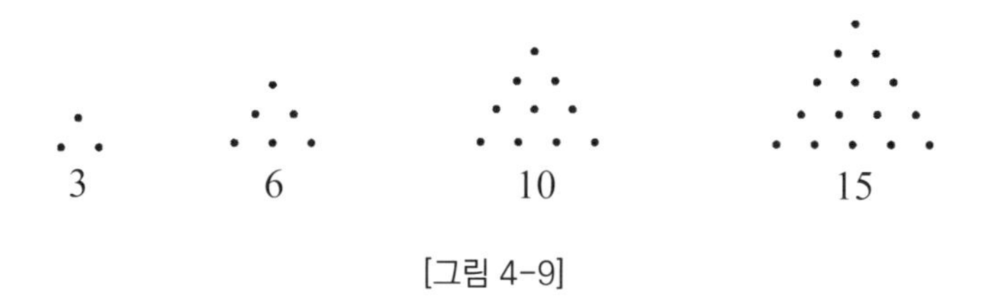

[그림 4-9]

[그림 4-8]을 사선으로 보면 각 사선에 나타난 값을 더하면 1, 1, 2, 3, 5, 8, 13, 21, … 이다. 이것은 어떤 수열일까? 바로 그 유명한 '피보나치 수열'이다.

가로로 보고, 세로로 보고, 사선으로 보고… 매 순간 자태가 제각각, 묘미가 넘치니 새로운 수열이 또 숨어있는지 유심히 살펴보길 바란다.

라이프니츠 삼각형

독일의 대수학자 라이프니츠도 삼각형을 만들었다. 이 삼각형의 특징은 각 수는 모두 분수이며 분자는 모두 1이다. 분모는 파스칼 삼각형에서 같은 위치에 있는 수와 행의 수를 곱한 값이다. 예를 들어, [그림 4-10]처럼 파스칼 삼각형에서 네 번째 행의 세 번째 수는 3으로 라이프니츠 삼각형에서 같은 위치의 수는 $\frac{1}{4\times3}$ 즉, $\frac{1}{12}$이다.

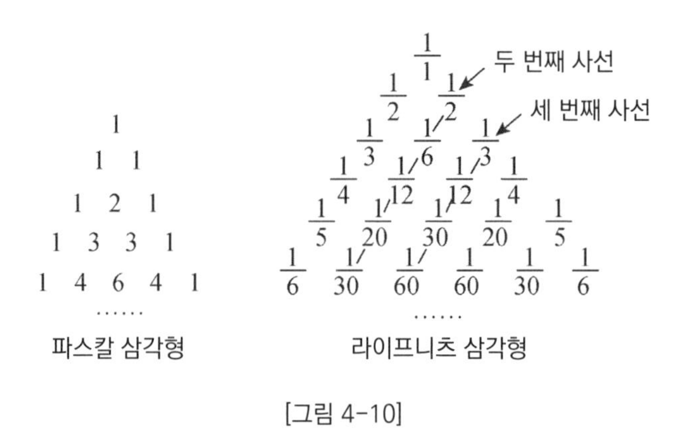

[그림 4-10]

라이프니츠 삼각형도 마찬가지 흥미롭다. 파스칼 삼각형에서 1을 제외하고 바로 위의 행의 두 수의 합으로 다음 행의 수가 나타난다. 라이프니츠 삼각형에서 각 수는 아래 두 수의 합이다.

예를 들어, [그림 4-11]과 같이 네 번째 줄의 두 번째 수 $\frac{1}{12}$는 아래 두 수 $\frac{1}{20}$, $\frac{1}{30}$의 합이다.

$$
\begin{array}{ccccccccc}
 & & & & \frac{1}{1} & & & & \\
 & & & \frac{1}{2} & & \frac{1}{2} & & & \\
 & & \frac{1}{3} & & \frac{1}{6} & & \frac{1}{3} & & \\
 & \frac{1}{4} & & \frac{1}{12} & & \frac{1}{12} & & \frac{1}{4} & \\
\frac{1}{5} & & \frac{1}{20} & & \frac{1}{30} & & \frac{1}{20} & & \frac{1}{5}
\end{array}
$$

[그림 4-11]

라이프니츠 삼각형에서 주의할 것은 '사선'이다. 이 사선의 특징은 제 $(n+1)$번째 사선에 나타난 수의 합은 바로 $\frac{1}{n}$이다.

$$1=\frac{1}{2}+\frac{1}{6}+\frac{1}{12}+\frac{1}{20}+\frac{1}{30}+\cdots$$

$$\frac{1}{2}=\frac{1}{3}+\frac{1}{12}+\frac{1}{30}+\frac{1}{60}+\frac{1}{105}+\cdots$$

페리 수열

나폴레옹 시절, 미국에 존 페리John Farey라는 인물이 나타났다. 그는 토지 측량원으로 여가시간에는 수집과 음악을 좋아하고 수학과 천문학도 즐겼다. 마음이 조금이라도 움직이면 글을 썼고 원고를 투고하기도 하였다. 그런 그의 이름이 어떻게 수학에서 수열의 이름으로 불리게 되었을까? '페리 수열'은 도대체 어떤 수열일까?

자연수를 하나 정한다. 7을 예로 들면, 분모가 7을 넘지 않는 모든 양수의 진분수를 작은 것부터 큰 것까지 배열하여 수열을 얻는다.

$$\frac{1}{7}, \frac{1}{6}, \frac{1}{5}, \frac{1}{4}, \frac{2}{7}, \frac{1}{3}, \frac{2}{5}, \frac{3}{7}, \frac{1}{2}, \frac{4}{7}, \frac{3}{5}, \frac{2}{3},$$

$$\frac{5}{7}, \frac{3}{4}, \frac{4}{5}, \frac{5}{6}, \frac{6}{7} \qquad (1)$$

이 수열의 항의 개수는 17개이며 이 수열을 페리 수열이라고 부른다. 만약 자연수 3으로 페리 수열을 만들면 바로 $\frac{1}{3}, \frac{1}{2}, \frac{2}{3}$ 이다.

자연수 5로 만들어진 페리 수열은 어떤 형태일지 여러분이 직접 만들어보길 바란다.

페리 수열이 역사에 남게 된 이유는 흥미로운 성질 때문이다.

첫 번째로, 페리 수열의 항의 수에 주목해 보자.

우선, 어떤 자연수를 c라고 하자. 우리는 c보다 작으면서 c와 서로소인 자연수의 개수를 $\phi(c)$로 쓰기로 약속한다. 예를 들어 $c=7$일 때, 7보다 작으면서 7과 서로소인 수는 1, 2, 3, 4, 5, 6으로 모두 6개이므로 $\phi(7)=6$이다.

다시 다른 수로 예로 들어, $c=6$이라고 하면, 6보다 작은 자연수는 1, 2, 3, 4, 5로 모두 5개이고 이 중 2, 3, 4는 6과 서로소가 아니고 1, 5, 6만 서로소이기 때문에 $\phi(6)=2$이다.

페리 수열 (1)에서 나타난 분수의 분모는 2, 3, 4, 5, 6, 7로 6가지 종류가 가능하다. 만약 분모가 2라면 분자는 2보다 작고 2와 서로소이어야 하므로 분모가 2인 분수는 $\phi(2)$개 즉, 1개가 있다. 분모가 3일 때는 분자에 올 수 있는 수가 $\phi(3)$개 즉, 2개이다. 따라서 페리 수열 (1)의 항의 개수는 다음과 같음을 알 수 있다.

$$\phi(2)+\phi(3)+\cdots+\phi(7)=1+2+2+4+2+6=17\ (\text{개})$$

일반적으로 분모가 n보다 작은 페리 수열의 항의 개수는 다음과 같다.

$$\phi(2)+\phi(3)+\cdots+\phi(n)$$

두 번째로, 인접한 세 항 사이에 어떤 관계가 있는지를 보자. 페리 수열 (1)에서 임의로 인접한 세 항 $\frac{1}{6}, \frac{1}{5}, \frac{1}{4}$을 택하자. 여기서, 첫째항과 셋째항의 분모, 분자를 각각 더하면 그 결과는 놀랍게도 둘째항이 된다.

$$\frac{1+1}{6+4}=\frac{2}{10}=\frac{1}{5}$$

세 번째는, 페리 수열의 항의 개수는 항상 홀수이다. 이 수열의 가운데 항은 반드시 $\frac{1}{2}$이고 $\frac{1}{2}$와 같은 간격을 가진 두 수의 합은 반드시 1이다.

네 번째는, 이웃하는 두 항의 차이는 반드시 두 항의 분모를 곱한 값의 역수로 나타난다. 예를 들어 페리 수열(1)의 여섯 번째 항과 다섯 번째 항의 차이는

$$\frac{1}{3}-\frac{2}{7}=\frac{1}{21}$$

으로 분모 3과 7을 곱한 값 21의 역수로 나타남을 확인할 수 있다.

다섯 번째는 매우 신기한 성질이다. 만약 $\phi(1)=1$이면

$$\phi(1)+\phi(2)+\cdots+\phi(n) \fallingdotseq \frac{3n^2}{\pi^2} \qquad (2)$$

이다. 또한 페리 수열의 항의 개수는 $\frac{3n^2}{\pi^2}-1$에 근사한다.

n이 커지면 식(2)의 값도 점점 정확해진다.

예를 들어 $n=100$일 때

$$\frac{3n^2}{\pi^2}=3039.6355...$$

으로 식(2)의 좌변의 값 3043과의 오차가 약 $\frac{1}{1000}$ 정도이다.

원주율 π는 원의 둘레와 원의 면적을 연구한 산물이다. 그런데 원과 전혀 관계가 없어 보이는 페리 수열의 항의 개수가 원주율과 밀접한 관계가 있다니 정말 신기하다. 이로써 우리는 둘 사이에 관계를 이용할 수 있다. 즉, 유휘처럼 원을 자를 필요 없이(할원술) 식(2)를 이용하여 원주율 π값을 구할 수 있다.

중국 고대에 일찍이 궁, 상, 각, 치, 우의 5음이 있었다. 이는 현행 악보에서 도do, 레re, 미mi, 솔sol, 라la에 해당한다. 이후 사람들은 또 '삼분손익'으로 음을 정하는 방법을 발견하였다.

현재의 음표는 길이가 1인 현을 도do, 그것을 $\frac{1}{3}$을 버리고 $\frac{2}{3}$인 위치에서 나는 음을 솔sol이라고 하는데 이를 '삼분손일'이라고 한다. 그리고 다시 그것의 $\frac{1}{3}$을 더하여 손으로 눌러서 튕기는 음을 레re라고 하는데 이것을 '삼분익일'이라고 한다.

$$\frac{2}{3}+\frac{2}{3}\times\frac{1}{3}=\frac{8}{9}$$

다시 '삼분손일'로 라la를 얻고, 다시 '삼분익일'로 미mi를 얻는다. 이 과정을 [그림 4-12]처럼 반복하여 우리가 알고 있는 '7음'을 얻는다.

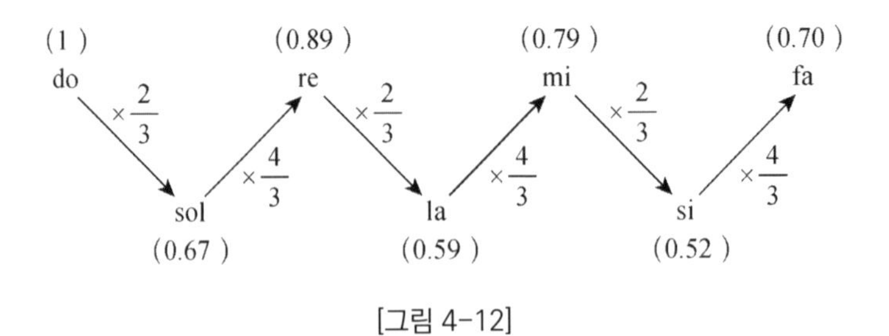

[그림 4-12]

고대 그리스 학자 피타고라스는 음악과 수학에 대한 연구를 많이 하였다. 그는 어떤 현이 도[do]를 내는 경우, 그것의 $\frac{2}{3}$를 취하면 도[do]보다 5도 높은 음인 솔[sol]이 나오고 $\frac{1}{2}$을 취하면 도[do]보다 8도 높은 도[do]를 낼 수 있다는 것을 발견하였다. 또 현이 간단한 정수비 예를 들어, 2 : 3 또는 1 : 2일 때 몇 개의 음이 조화롭게 들릴 수 있다고 생각했다.

이와 같은 세 음의 현의 길이 비는 $1 : \frac{2}{3} : \frac{1}{2}$ 즉, 6 : 4 : 3과 같이 간단한 정수 비로 나타낼 수 있다. 1, $\frac{2}{3}$, $\frac{1}{2}$의 역수는 1, $\frac{3}{2}$, 2이다. 이들 사이에는 무슨 관계가 있을까? 다음을 보자.

$$\frac{3}{2} - 1 = \frac{1}{2}$$

$$2 - \frac{3}{2} = \frac{1}{2}$$

즉, 이웃하는 두 수의 차이가 모두 $\frac{1}{2}$이고, 이런 세 수는 '등차수열'을 이룬다.

만약 세 수의 역수가 등차수열을 이루면 이 수로 조화수열을 만들 수 있다. 이 이름은 음악에서 온 것이다.

피아노 연주에서 목적에 따라 한 옥타브가 몇 개의 반음으로 나누어진다. 고음에서 도[do]에 해당하는 현의 길이는 중간음 도[do]의 현의 길이의 절반이다. 물리학에서 알 수 있듯이 고음 도[do]의 주파수는 중간음 도^{do}의 주파수의 2배이다. 이웃한 두 반음의 주파수 비율을 동일하게 하기 위하여 피아노에서 열두 개의 반음의 주파수(첫 번째 반음의 주파수를 1)를 다음과 같이 정한다.

$$1,\ \sqrt[12]{2},\ \sqrt[12]{2^2},\ \sqrt[12]{2^3},\ \cdots,\ \sqrt[11]{2^{12}}$$

고음 도^{do}의 주파수는 $\sqrt[12]{2^{12}}$(즉, 2)이다. 뒤에 오는 수와 앞에 오는 수의 비는 모두 같기 때문에 위의 수열을 '등비수열'이라고 한다. 이처럼 수학과 음악은 깊은 연관성을 가지고 있다.

피보나치 수열

갓 태어난 토끼 한 쌍이 있다. 한 달 후, 토끼는 큰 토끼가 되었고 다시 한 달이 지나자 한 쌍의 토끼를 낳았다. 3개월이 지나자 큰 토끼가 다시 한 쌍의 토끼를 낳았고 어린 토끼는 다시 큰 토끼가 되었다.

한 달이 지날 때마다 어린 토끼는 큰 토끼가 되고 큰 토끼는 매 달 한 쌍의 토끼를 낳으며 죽지 않는다. 그렇다면 이런 식으로 1년이 지나면 토끼는 모두 몇 쌍이 될까?

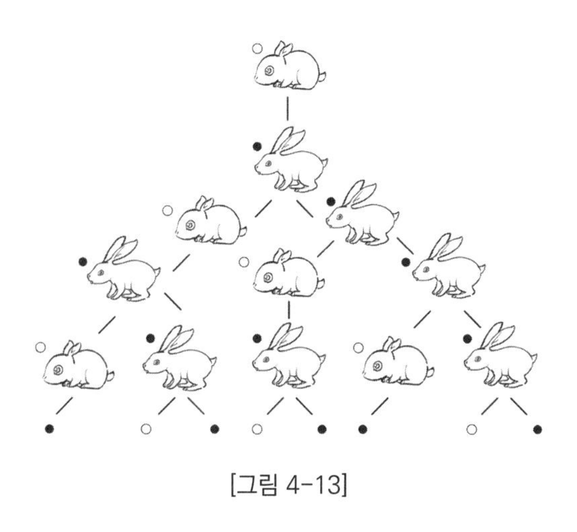

[그림 4-13]

우리는 토끼 수의 법칙을 찾기 위해 [그림 4-13]처럼 그릴 수 있다. 그림에서 ○는 갓 태어난 어린 토끼를, ●는 큰 토끼를 의미한다.

분명한 것은 몇 달 후의 토끼의 총 수는 두 가지, 큰 토끼와 어린 토끼의 수로 나눌 수 있다. 또 그달의 작은 토끼 수는 지난달의 큰 토끼 수이다. 그 이유는 큰 토끼가 몇 쌍인지에 따라 다음 달에 토끼가 몇 쌍 태어나는지가 결정되기 때문이다. 그리고 그 달의 큰 토끼 수는 지난달 토끼의 총 수이다. 결론적으로 지난달 큰 토끼 수는 전월 토끼 총수로 추정된다. 따라서 해당 달의 토끼 수는 한 달 전 큰 토끼 수에 두 달 전 큰 토끼 수를 더한 것이고 한 달 전 토끼 수에 두 달 전 토끼 수를 더한 것과 같다.

그러므로 1개월 후, 2개월 후, … 12개월 후의 토끼가 몇 쌍이었는지 나타내면 다음과 같다.

1, 1, 2, 3, 5, 8, 13, 21, 34, 55, 89, 144, 233

따라서 이 문제의 답은 233쌍이다.

이 수열을 '피보나치 수열'이라고 한다. 1228년 이탈리아 수학자 피보나치가 처음 제안하였다. 제1항과 제2항은 1이고 제3항부터 앞의 두 항의 합으로 나타낼 수 있다. 이를 일반식으로 쓰면

$$F_{n+2}=F_n+F_{n+1}\ (n=1, 2, \cdots)$$

이다.

정말 재미있는 것은 피보나치 수열의 일반해가 다음과 같이 나타난다는 것이다.

$$F_n = \frac{1}{\sqrt{5}}\left(\frac{1+\sqrt{5}}{2}\right)^n - \frac{1}{\sqrt{5}}\left(\frac{1-\sqrt{5}}{2}\right)^n$$

n이 자연수일 때 무리수 $\sqrt{5}$로 표시한 이 식의 결과가 모두 양의 정수가 된다.

피보나치 수열의 이웃한 두 항의 비는 $F_n : F_{n+1}$이고 n이 점점 커지면 이 비는

$$\frac{\sqrt{5}-1}{2} = 0.618\ldots$$

에 가까워진다.

이 수는 매우 중요한 무리수로서 황금 분할과 관련된다. 피보나치 수열의 성질은 매우 흥미롭다. 1963년 미국에서 피보나치 수열의 성질을 연구하는 잡지가 발행될 정도로 그 매력은 대단하다.

'세계의 종말'은 언제일까?

세계 종말에 대한 의견이 분분하다. 가장 근래의 종말론으로는 아메리카 고대 마야인의 역법에서 유래되었다. 그들의 역법은 2012년 12월 21일에 세상이 멸망할 것이라고 예언했다. 이미 2009년에 2012년 지구 멸망에 관한 영화 〈2012〉가 개봉돼 공포심을 증폭시켰다.

문헌에 따르면 사실 마야인들은 이날이 역법의 종말이 될 것이라고 생각하지도 않았으며 세계 종말을 예언하지도 않았다. 이날은 마야인의 역법 중 긴 주기의 끝이자 동시에 새로운 주기의 시작을 의미하였다.

수학에도 세계 종말에 얽힌 이야기가 하나 있다. 인도에는 절이 하나 있는데 기둥이 세 개라고 한다. 첫 기둥에는 크기가 다른 64개의 고리가 걸려있고 작은 고리는 큰 고리 위에 있다. 64개의 고리를 모두 세 번째 기둥으로 이동하려면 다음과 같은 규칙을 따라야 한다.

첫째, 매번 하나의 고리를 움직인다.

둘째, 큰 고리는 작은 고리 위에 놓을 수 없다.

어떤 이는 64개의 고리가 세 번째 기둥에 모두 옮겨져 있을 때 세계의 종말이 온다고 하였다. 승려들은 자신들이 죄악으로 여기는 세상을 파괴하기 위해 밤낮으로 돌아가며 쉴 새 없이 원을 움직였다.

이 이야기는 수학에서 꽤 유명한 세계 종말에 관한 문제이다. 셋째 기둥에 64개의 고리를 모두 옮기기 위해 몇 번을 이동해야 하는지 계산해 보자.

규칙을 찾기 위해 먼저 고리가 3개인 경우를 생각하자. 첫 번째 기둥에서 세 번째 기둥으로 옮기는 데 모두 7단계가 필요하다. 구체적인 과정은 [그림 4-14]와 같다. 고리의 수 n이 2일 때 이동 횟수 a_n이 3임을 알 수 있다. $n=4$일 때, $a_n=15$이다. $n=5$의 경우, $a_n=31$이다. 이를 열거하면 다음과 같다.

$$n=1,\ a_n=1$$

$$n=2,\ a_n=3$$

$$n=3,\ a_n=7$$

$$n=4,\ a_n=15$$

$$n=5,\ a_n=31$$

여기서 무슨 법칙을 찾아낼 수 있는가? a_n과 n의 법칙을 직접 찾아내기는 쉽지 않아 보인다.

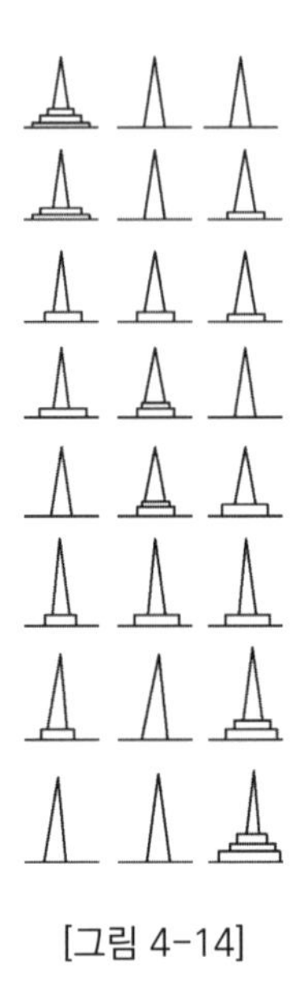

[그림 4-14]

관점을 바꾸어 생각해 보자. 예를 들어 $n=3$일 때, 문제를 크게 세 부분으로 나눌 수 있다. 첫 번째, 위의 두 둥근 고리를 두 번째 기둥으로 옮긴다. 두 번째, 맨 아래 가장 큰 둥근 고리를 세 번째 기둥으로 옮긴다. 세 번째, 두 번째 기둥에 있는 두 둥근 고리를 세 번째 기둥으로 옮긴다.

이 세 부분 중 두 번째에서 한 번 움직였고, 첫 번째와 세 번째에서는 각각 2번, 즉, 두 둥근 고리를 이동하는 데 필요한 횟수였다.

이로써 $a_3=2a_2+1$임을 알 수 있다.

이런 식으로 만약 $(n+1)$개의 둥근 고리가 있을 때, 이 경우도 세 단계로 나누어 생각할 수 있다. 첫 번째, 위의 n개의 둥근 고리를 두 번째 기둥으로 옮긴다. 두 번째, 맨 아래 가장 큰 둥근 고리를 세 번째 기둥으로 옮긴다. 세 번째, 두 번째 기둥에 있는 n개의 둥근 고리를 세 번째 기둥으로 옮긴다.

따라서 $a_{n+1}=2a_n+1$임을 알 수 있다.

우리는 a_n과 a_{n+1}의 관계를 찾았다. 하지만 그렇다고 해서 우리가 a_{n+1}을 아는 것은 아니다. 그래도 이 관계를 찾았으니 이제 남은 일은 간단하다.

왜냐하면, a_1로 a_2를 구할 수 있고, a_2를 알면 a_3을 계산할 수 있으며, 계속해서 a_4, a_5, a_6, $\cdots$, a_{64}를 계산해 나갈 수 있기 때문이다. 이를 순환 관계라고 한다.

그렇다면 스님들이 둥근 고리를 모두 세 번째 기둥으로 옮기려면 과연 몇 번을 움직여야 할까? 순환 공식에 따라 계산할 수도 있고, 그것을 일반화하여 $a_n=2^n-1$로 바꿀 수도 있다. 이를 통해 $a_{64}=2^{64}-1$로 계산된다.

$2^{64}-1$은 얼마나 큰 값일까? 계산기로 확인해 보면 $2^{64}-1 \fallingdotseq 1.8\times10^{19}$이다.

즉, 둥근 고리를 1.8×10^{19}번 움직여야 64개의 둥근 고리를 모두 세 번째 기둥으로 옮길 수 있다는 얘기다. 만약 둥근 고리를 한 번 이동하는 데 1초가 걸린다고 가정하면 모든 둥근 고리를 이동시키는 데 필요한 시간은

$$(1.8 \times 10^{19}) \div 3600 \fallingdotseq 5 \times 10^{15} \text{ (시간)}$$

$$(5 \times 10^{15}) \div 24 \fallingdotseq 2 \times 10^{14} \text{ (일)}$$

$$(2 \times 10^{14}) \div 365 \fallingdotseq 5 \times 10^{11} \text{ (년)}$$

바로 5000억 년이다! 현대 과학은 태양계가 약 46억 년 전에 형성되었으며 태양 에너지는 100억에서 150억 년 더 유지될 것으로 본다. 이는 신화 속 5000억 년보다 훨씬 적은 수이다.

고리 퍼즐 '구연환'

'구연환'은 중국 전통 퍼즐의 일종으로 정확한 역사는 고증하기 어려우나, 송나라에서 유행이 시작되어 16세기에는 전 세계적으로 전해진 것으로 알려져 있다. 저명한 수학자 카르다노와 와리스가 이를 언급한 바 있다. 1686년 와리스는 저서 《대수학》에서 '중국인 고리 퍼즐Chinese Ring Puzzle'로 구연환을 소개한 바 있다.

구연환은 9개의 고리로 매듭지어 금속에 연결되어 있다. [그림 4-15]는 쇠고리와 분리된 상태이고 [그림 4-16]은 결합된 상태이다. 즉, 구연환은 [그림 4-16]의 상태에서 [그림 4-15]의 상태로 만드는 것으로 쇠고리를 9개의 고리에 끼워서 빼내는 것을 '구현환을 푼다'라고 하고 [그림 4-15]의 상태에서 [그림 4-16]의 상태로 만드는 것은 '구연환을 건다'라고 말한다.

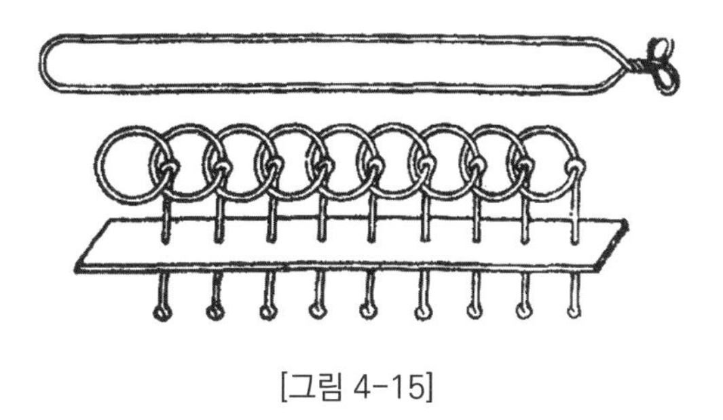

[그림 4-15]

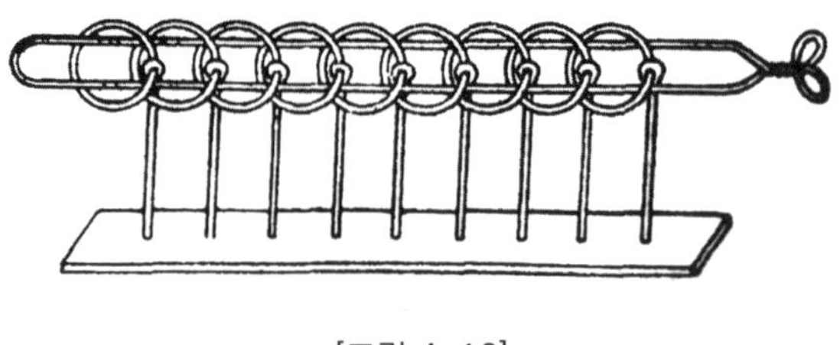

[그림 4-16]

구연환을 푸는 것은 쉬워 보이지만 꽤 힘들다. 한 번에 빼내는 것은 불가능하다. '진퇴'가 반복되어야만 쇠고리를 9개의 고리에서 천천히 빼낼 수 있다.

첫 번째 고리를 빼는 것은 쉽다. 다음 그림은 첫 번째 고리를 푸는 과정이다. [그림 4-17]에서 쇠고리를 오른쪽으로 당기는 것 즉, 첫 번째 고리를 왼쪽으로 당기면 고리가 쇠고리에서 빠진다. 그런 후에, [그림 4-18]처럼 고리를 쇠고리 가운데 공간으로 빠지게 한다. 이렇게 하면 [그림 4-19]에서 보이는 것처럼 첫 번째 고리와 쇠고리가 완전히 분리된 상태가 된다. 첫 번째 고리를 거는 것은 이 과정을 반대로 하면 된다.

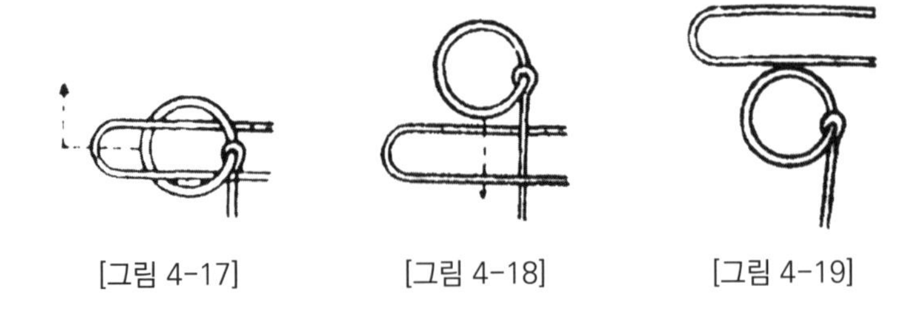

[그림 4-17] [그림 4-18] [그림 4-19]

앞의 두 고리를 분리하는 것도 어렵지 않다. [그림 4-20]과 [그림 4-21]은 바로 앞의 두 고리를 빼는 과정이다. 앞의 두 고리를 끼워 넣는 것도 이 과정을 반대로 하면 된다.

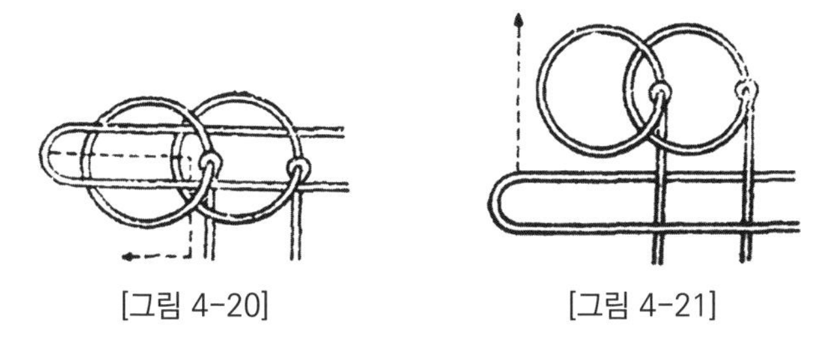

[그림 4-20]

[그림 4-21]

하지만 세 개의 고리를 분리하는 것은 그리 쉽지 않다. 다음은 모든 과정을 나타내는 그림이다.

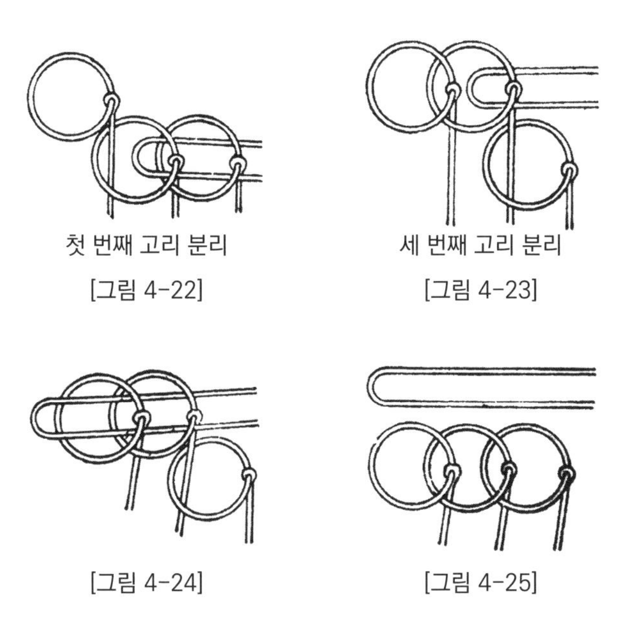

첫 번째 고리 분리

[그림 4-22]

세 번째 고리 분리

[그림 4-23]

[그림 4-24]

[그림 4-25]

1단계, 첫 번째 고리를 분리한다.

2단계, 급하게 두 번째 고리를 분리하는 것이 아니라 먼저 세 번째 고리를 분리한다.

3단계, 좀 이상하지만 다시 첫 번째 고리를 건다.

왜 바로 분리하지 않고 다시 거는지에 대해 물을 수 있다. 왜 그럴까? 조급해하지 마라. 4단계에서 바로 알 수 있다.

4단계, 두 번째 고리를 분리하면 이때 세 개의 고리가 일제히 빠진다.

앞 세 단계의 순서는 매우 전형적이다. n개의 고리를 분리하려면 네 단계를 거쳐야 한다.

1단계, 앞 $(n-2)$개 고리를 분리한다.

2단계, n번째 고리를 분리한다.

3단계, 앞 $(n-2)$개 고리를 건다.

4단계, $(n-1)$번째 고리를 분리하면 이때 n개의 고리가 모두 빠진다.

좋다, 이렇게 풀고 거는 과정을 통해 구연환을 조금씩 풀 수 있다. 만약 우리가 고리를 한 번 걸거나 푸는 것을 1보로 치면 첫 번째 고리를 분리하는 것은 1보이다. 앞의 두 고리도 바로 분

리되기 때문에 앞의 두 고리를 빼는 것은 2보이다. 그러나 세 개의 고리를 모두 풀 때는

1단계, 앞 1개 고리 분리 : 1보

2단계, 세 번째 고리 분리 : 1보

3단계, 앞 1개 고리 걸기 : 1보

4단계, 앞 2개의 고리 분리 : 2보

이므로 총 $1+1+1+2=5$보이다. 이를 일반적으로 n개의 고리를 푸는 상황으로 확장하면

1단계, 앞 $(n-2)$개 고리 분리 : a_{n-2}보

2단계, n번째 고리 분리 : 1보

3단계, 앞 $(n-2)$개 고리 걸기 : a_{n-2}보

4단계, 앞 $(n-1)$개의 고리 분리 : a_{n-1}보

따라서 n개의 고리를 푸는 총 수 a_n는

$$a_n=a_{n-2}+1+a_{n-2}+a_{n-1}$$
$$=a_{n-1}+2a_{n-2}+1$$

이다. 이것이 바로 구연환의 앞 n개 고리를 푸는 횟수(보)를 구하는 순환 공식이다. 어렵지 않게 이 수열의 각 항을 계산할

수 있다.

$$1, 2, 5, 10, 21, 42, 85, 170, 341, \cdots$$

이 수열을 '구연환 수열'이라고 한다. 일반항도 구할 수 있는데 다음과 같다.

$$a_n = \frac{1}{6}\{2^{n+2} - 3 + (-1)^{n+1}\}$$

천왕성, 세레스와 수열

1781년까지만 해도 태양계에는 지구 외에 금성, 목성, 수성, 화성, 토성의 5대 행성만 알려져 있었다. 천문학자들은 지구와 태양의 평균 거리를 10이라고 할 때, 이들 행성과 태양의 평균 거리를 [표 4-1]과 같이 계산하였다.

	수성	금성	지구	화성	목성	토성
거리	3.87	7.32	10	15.24	52.03	95.39

[표 4-1]

여기에는 어떤 규칙도 없어 보이지만 1766년 수학교사 티티우스는 이 값들의 규칙을 발견하였다.

$$4+0,\ 4+3,\ 4+6,\ 4+12,\ 4+24,\ 4+48,\ 4+96 \qquad (1)$$

값들이 위과 같은 수열에서 1, 2, 3, 4, 6, 7항(5항이 없다는 것에 주의!)에 근사한다.

첫째항을 제외하고 위 수열의 일반항은 다음과 같다.

$$a_n = 4+3\times 2^n\ (n=0, 1, 2, \cdots, 5)$$

이후 이 연구는 독일의 천문학자 보데가 자세히 대조해 발표했기 때문에 '보데의 법칙'('티티우스-보데의 법칙'이라고도 한다)이라고 부른다. 비록 일부 데이터의 재정비와 배열일 뿐이지만 천문학자들의 큰 관심을 끌었다. 이유가 무엇일까? 수열의 다섯 번째 항, 즉, 태양과의 평균 거리가 4+24=28은 누락되었는데 이는 태양과의 평균 거리가 28인 어떤 행성이 아직 발견되지 않은 것일 수도 있음을 의미하기 때문이다.

훗날 토성 바깥에서 천문학자가 발견한 천왕성은 태양과의 평균 거리가 192로, $n=6$일 때 보데 법칙의 예측값 196에 가까운 값이다. 수열 (1)에 항을 하나 더 추가하면 다음과 같다.

$$4+0,\ 4+3,\ 4+6,\ 4+12,\ 4+24,\ 4+48,\ 4+96,\ 4+192 \qquad (2)$$

또 하나의 행성 운행 법칙이 보데 법칙에 부합한다는 점은 태양과의 평균 거리가 28인 새로운 행성에 대한 천문학자들의 결심과 믿음을 극대화하였다. 하지만 찾고 또 찾고, 또 찾았지만 20년이 지나도록 사람들은 아무것도 찾지 못했다.

이 이야기는 잠시 접어두고 다른 이야기를 하나 살펴보자.

1801년, 새해. 천문학자 주세페 피아치Giuseppe Piazzi는 이탈리아 시칠리아의 천문대에서 행성과 그림을 대조하다가 우연히 8등성이 행성의 그림에 부합하지 않는다는 것을 발견하였다. 이 행성은 도대체 어떤 행성인가? 이것은 천문학자의 관심을 끌기에 충분했다.

이튿날 밤, 이 행성은 이미 서쪽으로 이동했고 피아치는 꼬리가 없는 혜성이라고 생각하기 시작했다. 그는 연속해서 2주 동안 이를 관찰하다 결국 지쳐 병으로 쓰러졌지만 병상에서조차 줄곧 이 일에 골몰했다. 그러다 그는 유럽의 다른 천문학자들에게 편지를 보내 서로 다른 장소에서 계속 관찰할 것을 요청했다.

하지만 안타깝게도 당시 전쟁으로 그의 편지는 1801년 9월에야 다른 사람에게 전달되었다. 그러던 중 이 행성은 소멸되고 말았으니 그야말로 '올 때도 갈 때도 없이' 별은 사라지고 없었다.

이 행성은 어디에 있을까? 그것의 운행 법칙은 또 무엇인가?

당시 24세의 청년 수학자 가우스는 수학적인 방법을 창안했고, 또 다른 천문학자 폰 차흐는 가우스의 방법에 따라 표를 만들어 이 별의 위치를 예측했다. 아쉽게도 그해 가을, 겨울 두 계절 내내 흐리고 비가 내려 관찰이 불가능했다. 1802년 새해 전야까지 천문학자들은 꼬박 1년 동안 눈앞에서 빠져나간 별을 찾았다. 이후 이 별의 이름은 세레스Ceres로 정했다. 중화권에서는 곡신성이라고 부르기도 한다.

공교롭게도 세레스와 태양의 평균 거리는 27.7이었다. 20년 전 천문학자들이 부지런히 구하던 수열(1), (2)에서 28을 의미하는 바로 그 행성이다. 그러나 여기서 끝난 것이 아니었다.

세레스 별은 예측한 위치에 있었지만 지름이 지구의 6%, 목성의 0.55%에 불과해 크기가 너무 맞지 않았다. 이후에 사람들이 이 위치 부근에서 수많은 소행성을 속속 발견하였는데, 지금은 이곳을 소행성대라고 부른다.

제논의 역설

제논은 여러 궤변을 늘어놓아 사람들을 어리둥절하게 만든 고대 그리스의 철학자다. 그중 '아킬레스와 거북이의 달리기'는 유명한 궤변이다.

아킬레스의 달리기는 시속 10㎞, 거북이는 시속 1㎞라고 가정하자. 제논은 만약 거북이(B)가 아킬레스(A)보다 10km 앞에서 출발한다면 아킬레스와 거북이가 같은 방향으로 달린다고 할 때, 아킬레스는 거북이를 영원히 따라잡을 수 없다고 하였다.

실제로는 물론 아니다. 왜냐하면 만약 아킬레스가 거북이를 따라잡는 데 x시간이 걸린다면 다음과 같은 방정식을 세울 수 있기 때문이다.

$$10x - x = 10 \qquad (1)$$

$$x = \frac{10}{9}(\text{시간})$$

즉, 아킬레스는 $\frac{10}{9}$시간이면 거북이를 따라잡을 수 있다.

그러나 제논은 조리있게 궤변을 늘어놓았다. 그는 아킬레스가 A에서 B까지 달려갔을 때 B에 있던 거북이는 C(C는 B보다 1㎞앞 지점에 있다)로 간다. 아킬레스가 B에서 C까지 쫓아갔을 때 거북이는 다시 C에서 D로 간다…. 그래서 아킬레스와 거북이 사이에는 항상 거리가 있어 영원히 거북이를 따라잡을 수 없다고 단언하였다.

제논의 궤변은 분명 틀렸으나 당시로서는 쉽게 반박할 수 없었다. 오늘날에도 사람들은 비교적 심오한 수학 지식을 활용해야만 이 궤변에 대한 반박이 가능하다.

아킬레스가 거북이를 쫓는데 얼마의 시간이 걸렸을까?

아킬레스가 A에서 B까지 쫓아오는 데 1시간, B에서 C까지 $\frac{1}{10}$시간, C에서 D까지 $\frac{1}{100}$시간이 걸린다는 것을 알 수 있으므로 아킬레스가 거북이를 쫓는 시간은 다음의 식과 같다.

$$1+\frac{1}{10}+\frac{1}{100}+\cdots \qquad (2)$$

이는 무한등비수열의 합을 구하는 문제이다. 우선, 첫째항부터 n번째 항까지의 합을 구한다.

$$S_n=\frac{1-\left(\frac{1}{10}\right)^n}{1-\frac{1}{10}}$$

이제 이것의 극한값을 구하면 된다.

$$\begin{aligned}\lim_{n\to\infty}S_n&=\lim_{n\to\infty}\frac{1-\left(\frac{1}{10}\right)^n}{1-\frac{1}{10}}\\&=\frac{1}{1-\frac{1}{10}}\\&=\frac{10}{9}\end{aligned}$$

즉, $\frac{10}{9}$시간이 지나면 아킬레스가 거북이를 따라잡을 수 있다는 얘기다. 그렇다면 제논의 궤변에서 어디에 문제가 있는 걸까? 제논은 거북이를 추격한 시간을 무한히 작은 구간으로 분할하였다. 이 부분에서 사람들은 무한한 짧은 시간의 합이 무한하다는 착각을 한 것이다. 사실 이 문제는 무한 등비급수 (2)가 수렴하기 때문에 무한한 짧은 시간의 합은 유한값으로 나타났다.

옛날 문제의 새로운 풀이

이런 이야기는 누구나 한 번쯤은 들은 적이 있을 것이다. 한 노인이 임종할 때 그의 전 재산인 말 17필을 세 아들에게 나눠 주기로 했다. 노인은 첫째 아들이 전체의 $\frac{1}{2}$, 둘째 아들이 $\frac{1}{3}$, 셋째 아들이 $\frac{1}{9}$을 가지도록 했다. 세 아들이 받게 될 유산을 계산해 보자.

첫째 아들 : $17\times\frac{1}{2}=8\frac{1}{2}$ (필)

둘째 아들 : $17\times\frac{1}{3}=5\frac{2}{3}$ (필)

셋째 아들 : $17\times\frac{1}{9}=1\frac{8}{9}$ (필)

그들은 말을 어떻게 $\frac{1}{2}$, $\frac{2}{3}$, $\frac{8}{9}$만큼 가질 수 있을지 생각했다. 이때 지혜로운 이가 나타나 '이게 뭐가 어렵냐'며 웃었다. 세 아들은 그 방법을 묻느라 바빴다. 이에 지혜로운 이는 황급히 말에서 내리며 이렇게 말했다.

"지금 총 18필의 말이 있습니다."

따라서 전체의 $\frac{1}{2}$은 $18\times\frac{1}{2}=9$(필)로 첫째 아들은 기뻐

서 말 아홉 필을 끌고 갔다. 전체의 $\frac{1}{3}$은 $18 \times \frac{1}{3} = 6$(필)로 둘째 아들도 기뻐하며 말 여섯 마리를 끌고 갔다. 전체의 $\frac{1}{9}$은 $18 \times \frac{1}{9} = 2$(필)로 셋째 아들이 얻은 말은 비록 좀 적었지만 이견은 없었다.

세 사람이 나눠 가진 말은 모두 $9+6+2=17$(필)이었다. 그리고 말이 한 마리 더 남아 지혜로운 자가 끌고 갔다.

이 해법은 일반적인 의미에서 수학적인 해법이라고 할 수 없다. 만약 이후에 나누어떨어지지 않는 상황이 닥친다면, 여러분은 혼잣말로 어딘가에서 1이나 2를 빌리면 완전히 나눌 수 있다고 생각할 것이다. 하지만 이 해법이 추구하는 결과는 합리적이라고 할 수 있다. 왜 그럴까? 다음과 같은 분석을 해 보자.

처음으로 돌아가 첫째는 $8\frac{1}{2}$(필), 둘째는 $5\frac{2}{3}$(필), 셋째는 $1\frac{8}{9}$(필)를 얻어야 한다고 했는데 사실 모두 더하면

$$8\frac{1}{2} + 5\frac{2}{3} + 1\frac{8}{9} = \frac{17 \times 17}{18}\text{(필)}$$

아직 $17 - \frac{17 \times 17}{18} = \frac{17}{18}$(필)이 남아 있다.

남은 $\frac{17}{18}$(필)의 말을 노인이 정한 비율로 분배한다고 가정하면

첫째 아들 : $\frac{17}{18} \times \frac{1}{2} = \frac{17}{36}$ (필)

둘째 아들 : $\frac{17}{18} \times \frac{1}{3} = \frac{17}{54}$ (필)

셋째 아들 : $\frac{17}{18} \times \frac{1}{9} = \frac{17}{162}$ (필)

그런데 아직도 남은 부분이 있다.

$$\frac{17}{18} - \left(\frac{17}{18} \times \frac{1}{2} + \frac{17}{18} \times \frac{1}{3} + \frac{17}{18} \times \frac{1}{9}\right) = \frac{17}{18} \times \frac{1}{18}$$

따라서 남은 $\frac{17}{18} \times \frac{1}{18}$에 대해서 이 과정을 계속하여 진행하면, 다시 $\frac{17}{18} \times \frac{1}{18} \times \frac{1}{18}$이 남는다는 것을 확인할 수 있다.

다시 나누어도, 또 나누어도… 영원히 다 나눌 수 없을 것 같다.

한 번의 배분을 거치면서 세 아들의 몫은 차곡차곡 쌓인다. 이것을 계산해 보자.

첫째 아들의 첫 번째 배분은 $17 \times \frac{1}{2}$(필), 두 번째 배분은 $17 \times \frac{1}{18} \times \frac{1}{2}$(필), 세 번째 배분은 $17 \times \frac{1}{18} \times \frac{1}{18} \times \frac{1}{2}$(필) … 이므로 총 합은

$$17 \times \frac{1}{2} + 17 \times \frac{1}{2} \times \frac{1}{18} + 17 \times \frac{1}{2} \times \frac{1}{18} \times \frac{1}{18} + \cdots$$
$$= 17 \times \frac{1}{2}\left(1 + \frac{1}{18} + \frac{1}{18^2} + \cdots\right)$$

무한등비급수의 공식을 이용하면

$17\times\frac{1}{2}\times\frac{1}{1-\frac{1}{18}}=9$(필)을 얻는다.

둘째 아들은 첫 번째 배분은 $17\times\frac{1}{3}$(필), 두 번째 배분은 $17\times\frac{1}{18}\times\frac{1}{3}$(필), 세 번째 배분은 $17\times\frac{1}{18}\times\frac{1}{18}\times\frac{1}{3}$(필) ⋯ 이므로 총 합은

$$\begin{aligned}
&17\times\frac{1}{3}+17\times\frac{1}{3}\times\frac{1}{18}+17\times\frac{1}{3}\times\frac{1}{18}\times\frac{1}{18}+\cdots\\
&=17\times\frac{1}{3}\left(1+\frac{1}{18}+\frac{1}{18^2}+\cdots\right)\\
&=17\times\frac{1}{3}\times\frac{1}{1-\frac{1}{18}}=6
\end{aligned}$$

둘째 아들은 첫 번째 배분은 $17\times\frac{1}{9}$(필), 두 번째 배분은 $17\times\frac{1}{18}\times\frac{1}{9}$(필), 세 번째 배분은 $17\times\frac{1}{18}\times\frac{1}{18}\times\frac{1}{9}$(필) ⋯ 이므로 총 합은

$$\begin{aligned}
&17\times\frac{1}{9}+17\times\frac{1}{18}\times\frac{1}{9}+17\times\frac{1}{18}\times\frac{1}{18}\times\frac{1}{9}+\cdots\\
&=17\times\frac{1}{9}\left(1+\frac{1}{18}+\frac{1}{18^2}+\cdots\right)\\
&=17\times\frac{1}{9}\times\frac{1}{1-\frac{1}{18}}=2
\end{aligned}$$

어떤가! 첫째, 둘째, 셋째는 확실히 9필, 6필, 2필의 말을 얻어야 하는 것으로 나타난다. 위의 결과와 완전히 일치한다.

폰 노이만의 기발한 나눗셈

20세기의 가장 위대한 수학자이며, 게임 이론의 창시자이자 컴퓨터의 창시자라 불리는 폰 노이만은 계산의 천재였다. 1944년 미국의 로스엔젤레스 국립연구소에서 원자폭탄을 개발하는 과정에 수많은 계산이 난무했다. 실험실에는 우수한 학자들이 운집해 있었는데, 그중 몇몇은 계산을 즐겼다. 복잡한 계산이 필요할 때 몇몇 '계산 마니아'들은 벌떡 일어나 발 빠르게 움직였다. 엔리코 페르미는 계산기를 사용했고, 리차드 파인먼은 기계 컴퓨터로, 폰 노이만은 늘 암산을 사용했다. 최종 결과는 어떨까? 폰 노이만이 항상 제일 먼저 계산해냈다. 이 세 명의 걸출한 학자의 최종 답은 항상 매우 근접한 것으로 보아 폰 노이만의 재주가 뛰어났다는 것을 알 수 있다.

폰 노이만은 암산할 때 특수한 기교를 자주 사용하였다. 예를 들면, 그는 어떤 수를 19, 29, 39, …, 99로 나눌 때, 특수한 방법을 사용하였다.

1÷19를 예로 이 방법을 보려고 한다. 먼저 전통적인 나눗셈을 해 보자.

$$
\begin{array}{r}
0.0526315789\cdots \\
19\,\big)\,100 \qquad\qquad \\
95 \qquad\qquad \\
\hline
50 \qquad\quad\;\; \\
38 \qquad\quad\;\; \\
\hline
120 \qquad\quad\; \\
114 \qquad\quad\; \\
\hline
60 \qquad\quad \\
57 \qquad\quad \\
\hline
30 \qquad \\
19 \qquad \\
\hline
110 \qquad \\
95 \qquad \\
\hline
150 \quad\; \\
133 \quad\; \\
\hline
170 \quad \\
152 \quad \\
\hline
180 \; \\
171 \; \\
\hline
9\;\ddots
\end{array}
$$

폰 노이만은 1÷20 즉, 0.1÷2로 수정하여 계산하였다.

$$
\begin{array}{r}
0.05 \\
2\,\big)\,0.10 \\
10 \\
\hline
0
\end{array}
\qquad (1)
$$

그다음, 1÷20의 식을 조금 수정하였다. 몫의 숫자 '5'를 피제수 뒤로 살짝 보낸 다음 계산을 계속한다.

```
      0.0⑤2
   ┌──────
 2 ) 0.10⑤
     10
   ──────
       5
       4
     ──────
       1
```

(2)

이런 방법으로 계속 진행해 나간다. 즉, 몫의 숫자 '2'를 피제수 뒤로 보낸 다음과 같은 방법으로 계산을 계속한다.

```
     0.052631578947⋯
   ┌────────────────
 2 ) 0.1052631578947
     10
   ──────
      5
      4
    ──────
      12
      12
     ──────
        6
        6
      ──────
         3
         2
       ──────
         11
         10
        ──────
          15
          14
         ──────
           17
           16
          ──────
            18
            18
           ──────
              9
              8
            ──────
              14
              14
             ──────
                ⋱
```

원래 계산과 같은 결과가 나왔다. 하지만 2로 나누는 것이 훨씬 편하다는 것을 알 수 있다. 폰 노이만이 암산으로 이런 계산을 했다는 것이 놀랍기만 하다.

자, 그럼 이 수수께끼를 풀어보자.

식 (1)에서 몫 0.05는 $\frac{1}{20}$이다.

식 (2)에서 몫을 구하는 과정은 다음과 같다.

몫에서 나타난 숫자 5를 피제수의 끝으로 보내면 자릿값이 하나 밀려난다. 그 이유는 피제수에 쓴 5는 0.005이기 때문이다. 그런 다음 0.005를 2로 나눈다. 방금 확인한 대로 0.05는 $\frac{1}{20}$이다. 그러면 0.005는 $\frac{1}{20}\div 10$이므로 0.005를 2로 나누면 $\frac{1}{20}\div 10\div 2$ 즉, $\frac{1}{20^2}$이 된다.

따라서 이후의 값들은 $\frac{1}{20^3}$, $\frac{1}{20^4}$, …이 된다.

그러므로 폰 노이만의 나눗셈은 $\frac{1}{20}$, $\frac{1}{20^2}$, $\frac{1}{20^3}$, …을 더한 것으로

$$\frac{1}{20}+\frac{1}{20^2}+\frac{1}{20^3}+\cdots$$

이다. 이 값은 무한등비급수 공식으로 계산하면 다음과 같다.

$$\frac{\frac{1}{20}}{1-\frac{1}{20}}=\frac{1}{19}$$

이것이 바로 사람들이 놀라는 폰 노이만의 나눗셈이다.

무한이 가져온 혼란

나는 예전에 연수에 참가한 수학 선생님들에게 이런 문제를 낸 적이 있다.

$$0.999\cdots$$

$$(A) < 1 \qquad (B) = 1 \qquad (C) \fallingdotseq 1$$

많은 선생님이 (A)나 (C)를 선택했는데 사실 0.999…는 1이다.

왜 수학 선생님도 이런 실수를 하는 걸까? 한편으로는 당시 교사의 전공 수준이 그다지 높지 않았다는 생각과 함께 다른 한편으로는 '무한'이라는 개념이 인간의 사고를 모호하게 한다고 생각되었다. 대수학자 오일러와 라이프니츠조차 '무한'에 관한 문제를 다룰 때 실수를 범했다.

예를 들어, 18세기 수학자들은 다음과 같은 급수

$$1-1+1-1+1-1+\cdots \qquad (1)$$

에 대한 큰 논쟁을 하였다. 이것을 다음과 같이 계산할 수 있다.

$$(1-1)+(1-1)+(1-1)+\cdots$$

$$=0+0+0+\cdots$$

$$=0$$

하지만 만약 다음과 같이 계산하면 결과가 다르다.

$$1-(1-1)-(1-1)-(1-1)-\cdots$$
$$=1-0-0-0-\cdots$$
$$=1$$

이탈리아 성직자이자 피사대학 교수인 그란디라는 수학자가 세 번째 결과를 냈다.

그는 다음 식에서

$$1+x+x^2+x^3+\cdots=\frac{1}{1-x} \qquad (2)$$

$x=-1$로 보고 다음 결과를 얻었다.

$$1-1+1-1+\cdots=\frac{1}{2}$$

그는 이 결과에 대해 '무'에서 '유'를 얻을 수 있다는 증거라고 했다. 위 결과에 대해 그의 설명은 이와 같다.

"아버지가 두 아이에게 보물 하나를 물려준다고 생각하세요. 1년간 번갈아 보관하니 $\frac{1}{2}$을 얻었네요."

대수학자 오일러의 저서에도 혼란은 가득했다. 식 (1)에 대한 그의 결론은 그란디와 일치하여 식 (1)의 값은 $\frac{1}{2}$이라고 생각한다. 식 (2)에서 오일러는 $x=-2$를 대입하여 다음 식을 얻었다.

$$1-2+2^2-2^3+\cdots=\frac{1}{3}$$

이 결과는 참 황당하다.

사실 식 (2)가 성립하기 위한 조건이 있다. 즉, x는 $|x|<1$을 만족해야 한다. 즉, 무한히 일정한 비율로 작아지는 등비수열이어야만 (2)의 값을 구할 수 있다. 이 조건에 맞지 않으면 틀린 결과가 나올 수 있다.

다시 0.999…의 문제를 다시 보자. 0.999… 는 다음과 같이 쓸 수 있다.

$$0.9+0.09+0.009+\cdots$$

즉, 첫째항이 0.9, 공비가 0.1(이 값은 1보다 작다.)인 등비수열의 합으로 공식을 이용하여 답을 구하면 다음과 같다.

$$\begin{aligned}0.999...&=0.9+0.09+0.009+\cdots\\&=\frac{0.9}{1-0.1}\\&=1\end{aligned}$$

따라서 0.999…의 값은 확실히 1이다. 그렇다면, 왜 많은 사람이 0.999… <1이라고 혼동하는 것일까?

$$0.999\cdots \qquad (3)$$

$$0.\underbrace{999\ldots9}_{n\text{개}} \qquad (4)$$

그 이유는 (3)과 (4)를 혼동하는 것이다. (3)은 무한소수로 무한히 많은 자릿값이 생략되었을 뿐이다. (4)는 유한소수로 자리수가 너무 많을 뿐이다. (4)는 확실히 1보다 작기 때문에 어떤 이는 (3)도 1보다 작다고 생각하는 오류를 범한다.